特种轧制设备

周存龙　秦建平　黄庆学　胡满红　编著

U0319014

北　京

冶金工业出版社

2015

内 容 提 要

本书介绍了应用较为普遍的冷轧、旋压、辊锻、螺旋孔型轧制等9种特种轧制技术与设备；对工件的成形原理、设备的基本构成及分类做了详细的叙述，并给出了一些定型设备的主要技术参数。每章后都附有参考文献。

本书可供轧钢、锻压以及机械加工等行业的企业、设计科研院所等单位的工程技术人员和高等学校的教师、学生参考。

图书在版编目（CIP）数据

特种轧制设备/周存龙等编著. —北京：冶金工业
出版社，2006.4（2015.8 重印）
ISBN 978-7-5024-3920-0

Ⅰ. 特… Ⅱ. 周… Ⅲ. 特种轧机 Ⅳ. TG334.1

中国版本图书馆 CIP 数据核字（2006）第 008194 号

出 版 人 谭学余
地　　址　北京市东城区嵩祝院北巷39号　邮编　100009　电话　（010）64027926
网　　址　www.cnmip.com.cn　电子信箱　yjcbs@cnmip.com.cn
责任编辑　李培禄　美术编辑　彭子赫
责任校对　石　静　李文彦　责任印制　牛晓波
ISBN 978-7-5024-3920-0
冶金工业出版社出版发行；各地新华书店经销；北京七彩京通数码快印有限公司印刷
2006年4月第1版，2015年8月第4次印刷
850mm×1168mm　1/32；8.5印张；236千字；259页
42.00元

冶金工业出版社　投稿电话　（010）64027932　投稿信箱　tougao@cnmip.com.cn
冶金工业出版社营销中心　电话　（010）64044283　传真　（010）64027893
冶金书店地址　北京市东四西大街46号（100010）　电话　（010）65289081（兼传真）
冶金工业出版社天猫旗舰店　yjgycbs.tmall.com
（本书如有印装质量问题，本社营销中心负责退换）

前　言

　　特种轧制技术的应用在我国只有50多年的历史,自20世纪50年代初一些工程技术人员开始研究螺旋孔型轧制、滚轧技术以来,特种轧制技术在我国的发展较为缓慢。20世纪60年代,国产车轮轧机的投产是具有标志性意义的。80年代以来,轧环、辊锻、摆辗和楔横轧等特种轧制技术的研究开发取得了显著进展,从而为该技术的广泛应用奠定了基础。

　　进入21世纪,我国的钢铁生产和制造业迅猛发展,为特种轧制技术的发展和推广应用提供了广阔的市场。尤其是在汽车、家电、车辆、五金等行业,特种轧制技术已经成为必不可少的生产手段。很多原来采用切削加工或其他方式生产的成品或半成品都开始采用特种轧制技术进行生产。

　　随着绿色生产和可持续发展思想逐步为人们所认识和接受,特种轧制技术的长处不仅体现在降低生产成本和提高效率方面,而且节能、降耗和减少对环境的压力,日益受到人们的重视。因此,加强特种轧制基础理论研究,开发新的特种轧制技术,研制具有更高装备水平的特种轧制设备,是金属压力加工领域中有关人员未来的重要任务。

　　当前,我国的钢铁产量已经居于世界首位,已经渡过了钢铁短缺的时代。然而我们也付出了环境恶化、原材料和能源消耗巨大的代价。因此，我们应当用好这些经过消耗许多资源而得来的钢，使其能够以更新的面孔、更高的利用率走向终端用户。特种轧制技术就是实现这个目标的重要技术手段。真诚地希望本书的出版能够为此奉献绵薄之力。

　　本书由周存龙、秦建平同志主编。主要编写工作分工如下：周存龙同志编写第 3 章、第 4 章、第 5 章、第 6 章、第 7 章、第 9 章和第 10 章，秦建平同志编写第 1 章，黄庆学同志编写第 2 章，胡满红同志编写第 8 章。最后，由周美英同志进行了文字校对。

　　本书在编写过程中得到了刘玲玲、郭拉凤、晋景涛、帅美荣和田雅琴等同志的帮助，在此谨致谢意。

　　由于笔者水平有限，实际经验不足，资料也不全面详尽，书中不妥之处，恳请读者给予批评指正。

编　者

2005 年 11 月 21 日于太原

目　录

1 概　述

特种轧制是钢材深加工技术的重要方式之一,通常是对板带材、线棒材和钢管等轧制材料再次以轧制的方式进行深度加工。特种轧制主要用于机械零件的制造,是一种少切屑或无切屑、高质量、高效率的生产方式,在材料加工和机械制造等行业中具有愈来愈重要的作用。尤其是在大批量机械零件的生产过程中,如汽车、电子电器、纺机、农机、轻工、高低压容器等领域,特种轧制技术的应用十分广泛。特种轧制也是提高产品质量,降低生产成本的重要手段。对于一些高技术领域的产品如航天航空器、兵器制造中的特殊零件,特种轧制更是唯一的加工手段。此外,由于可对钢材进行深度加工,特种轧制技术可大幅度地增加钢材的附加值,提高了材料的利用率。所以特种轧制技术对国民经济的发展,提高企业经济效益和社会效益有着十分重要的意义。

特种轧制可以采用纵轧、横轧和斜轧等 3 种轧制方式,由于产品的种类繁多,所采用的变形方式和设备形式也很多。按照轧制的变形方式,特种轧制的分类大致如图 1-1 所示。

随着特种轧制技术的进步和所加工产品的演进,特种轧制设备也在不断发展,尤其是由于计算机技术的广泛应用,以数控技术和工具的 CAD 技术为代表的特种轧制设备已经在逐步取代传统的设备。特种轧制新工艺的不断出现,新型的特种轧制设备也随之出现,并不断发展完善。目前,用于各种生产场合的特种轧制设备的类型很多,除了按照变形方式分类外,按照所加工原料的形式也可以将其分为以下 3 大类:

(1)板带材特种轧制设备。板带材特种轧制设备主要用于板带材的深加工,如薄带和极薄带材轧制、横向或纵向不等厚带材和螺旋状带材轧制。设备种类包括各种形式的多辊板带轧机,锥形辊板带材轧机,辊锻机等。

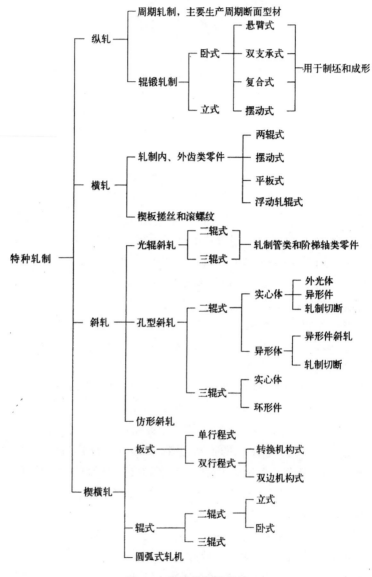

图 1-1　特种轧制的分类

(2) 线、棒、管材特种轧制设备。线、棒、管材特种轧制设备可以用来生产各种实心或空心的回转体轧件,如阶梯轴类零件、球形零件、各种螺纹制品、散热器用的翅片管和羽翎管以及麻花钻头等产品。相应的设备包括楔横轧机、钢球轧机、螺纹轧机、翅片管轧机、钻头轧机、管或筒形件旋压机、冷轧带肋钢筋轧机等。

(3)盘、环件特种轧制设备。此类设备主要用于生产轴对称类机械零件,盘类零件的轧制主要使用能够产生轴向变形的摆动辗压机和径向变形的旋压机。环件特种轧制设备则用于各种环件的轧制,相应的设备是旋压机和轧环机。

除了多辊板带轧机和冷轧带肋钢筋轧机外,特种轧制设备大多以机床的形式使用,而且有些已经形成了系列化产品,生产部门可以根据需要选用不同型号的设备。

特种轧制具有工艺形式多、应用范围广等特点,因此,在开发新工艺、研制新设备和提高设备的装备水平方面有着广阔的发展空间。各种新技术的采用,使得特种轧制设备得到了迅速发展,从而使特种轧制技术得到了更广泛的应用和推广。

参 考 文 献

1 日本塑性加工学会.压力加工手册.江国屏等译.北京:机械工业出版社,1984
2 王廷溥.轧钢工艺学.北京:冶金工业出版社,1980
3 杜立权.机械零件毛坯轧制的进展及在我国应用的看法.金属成形工艺,1999(4)
4 机械工业部机械研究院.国外压力加工概况及其发展趋势.1973(内部资料)
5 机械工业部机械研究院.金属压力加工.1973(内部资料)
6 李培武.塑性成形设备.北京:机械工业出版社,1995
7 中国机械工程学会锻压学会.锻压手册.北京:机械工业出版社,1993
8 侍慕超.90年代初国内外锻压机械的发展概况.锻压机械,1996(2)
9 胡亚民.回转塑性成形技术的应用.锻压机械,1996(6)
10 Altan T.现代锻造——设备、材料和工艺.陆索译.北京:国防工业出版社,1982
11 《锻工手册》编写组.锻工手册(第七分册).北京:机械工业出版社,1975
12 《机械工程手册 电机工程手册》编辑委员会.机械工程手册(第七分册).北京:机械工业出版社,1982

2 多辊轧制设备

2.1 多辊轧机的用途和特点

多辊轧机主要用于高强度钢和精密合金的冷轧薄板和薄带钢轧制生产,在薄板带的生产中占有特殊的地位。在生产薄板带的冷轧机中,约有 10% 以上的设备是多辊轧机。几乎所有的不锈钢薄板都是由多辊轧机生产,电工钢板、超硬金属、铝合金、铜合金等薄带的生产也使用多辊轧机。多辊轧机也用于稀有金属、双金属和贵金属的生产。

由于国民经济规模的扩大,特别是高新技术的快速发展,各个工业部门如电子、信息、仪器、机电等行业对各种金属及合金薄带和极薄带材的需求增长很快。对于薄带材的质量要求也愈来愈高,例如彩色显像管中使用的荫罩带钢,厚度为 0.15 mm,厚度的公差范围在 600 mm 的钢带宽度上为 $\pm 3\ \mu m$。在一些电器和仪器仪表的元件中需要厚度为 $1 \sim 3\ \mu m$ 的铝、钽和铍青铜箔材。这些带材或箔材采用四辊轧机生产是不经济的,通常在技术上也是无法实现的。因为在轧制极薄带材时,工作辊的弹性压扁将等于或大于带材的厚度,此时轧件的压缩是不可能的,因此必须使用直径更小的工作辊才能轧制极薄带材。此外,由于工作辊直径小,接触变形区也小,相应的轧制力也较小,所以同样的轧制压力可以产生较大的压下量。然而,对于四辊轧机来说,当工作辊的辊径很小时,其轧制方向的刚度和强度将不能够满足轧制过程的要求,因此必须加以支撑。这样,不同形式的多辊轧机便产生了。

多辊轧机的工作机座是一个复杂的整体,其主要组成部分与常用的板带轧机相同,包括轧机牌坊、支撑辊和工作辊构成的辊系、压下装置、轧辊磨损补偿机构、轧辊和支撑辊的辊型控制和平衡机构、轧辊传动装置、固定式和可卸式导卫、润滑和冷却系统、工艺参数控制设备及轧机自动化装置等。多辊轧机的使用能够保证小直径工作辊在垂直面和水平面上获得较高的刚度,并能够在轧制力相当大的情况下将所需的轧制扭矩传递给工作辊。由于支撑辊的数量可以在两个以上,所以人们能够根据不同的轧制要求采用不同形式的辊系和机架结构形式。常用的有 Y 形轧机、六辊轧机、偏八辊轧机(MKW 轧机)、十二辊轧机和二十辊轧机,其中最典型的多辊轧机是二十辊轧机。

1925 年,W.罗恩(Rohn)设计了有 10 个或 18 个支撑辊的轧机,并获得了第一台多辊轧机的专利权。这种轧机采用塔形支撑辊系,能够保证工作辊有较大的横向刚度。该轧机的工作辊直径为 10 mm,中间辊辊径为 20 mm,外围支撑辊辊径为 24 mm,用于轧制镍带,最小轧制厚度为 0.010 mm。在这种辊系配置中,下一列的每一个轧辊自由地靠在上一列的两个轧辊上。支撑辊是由安装在固定心轴上的轴承构成的,轴承的外圈即为支撑辊辊面,中间辊传动,工作辊没有辊颈,可以方便地从辊系中取出。塔形支撑辊系安装在上下两个横梁中,横梁的一端采用铰接方式连接,另一端用拉杆连接,调整拉杆可以使横梁绕铰接中心转动,从而满足不同轧辊直径的要求。后来,W.罗恩的发明被 Sundwig 公司购买并加以改进,形成了四柱式的开式机架的二十辊轧机(图 2-1)。

最近,国内某厂设计制造了新型十四辊轧机,该轧机具有造价低、轧制精度高等优点,其轧制厚度最小可达 0.02 mm,辊面最宽可达 720 mm。该设备主要用于生产镍氢、镍镉电池极板材料的冲孔镀镍钢带,产品规格为(0.02~0.1)mm×(50~500)mm,镀层厚度为 0.5~8.0 μm。此外,这种轧机还可以轧制不锈钢精密冷轧钢带。

1932 年,T.森吉米尔(Sendzimir)制造了第一台森吉米尔多辊轧机,其结构特点是采用了整体机架,辊系安装在机架内部。与罗恩型二十辊轧机相比,森吉米尔轧机工作机座的刚度较高,因而可以轧制厚度公差范围更窄的带材。为了采用更小直径的工作辊,实现尽可能大的压下量,20世纪50年代以来发展了1—2—3—4

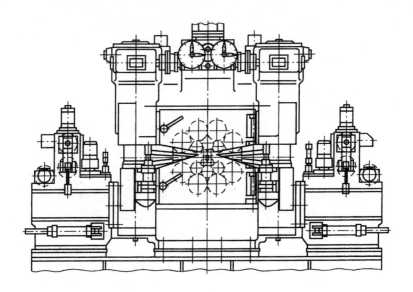

图 2-1　Sundwig 公司的二十辊轧机

型森吉米尔轧机(图 2-2),即二十辊轧机。目前,该类型的轧机结构已经十分成熟,装备水平不断提高,已经成为各种金属及合金的高精度薄带和极薄带材的主要生产设备。目前,全世界已有 400 多套森吉米尔轧机,有工作辊径只有几毫米、辊身长 100 mm 左右的微型森吉米尔轧机,也有工作辊径为 150 mm 左右、辊身长 2300 mm 以上的大型森吉米尔轧机。

　　与其他多辊轧机相比,森吉米尔轧机的突出特点是轧机刚性好,轧制精度高。由于机架采用整体铸钢制作,因而轧机有很高的刚度,同时采用了特殊的辊型调整机构,轧制产品的厚度精度很高,板形良好。例如,森吉米尔轧机轧制 0.2 mm 厚的不锈钢带材,公差为 0.003～0.005 mm,而四辊轧机的一般精度为 0.01～0.03 mm,相差约 5 倍。

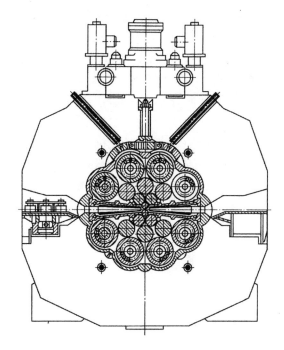

图 2-2 森吉米尔轧机

2.2 森吉米尔轧机的主要结构

与普通四辊轧机相比,森吉米尔轧机的结构十分紧凑、复杂,工作机座的特殊部分有:轧机牌坊、由上下两个塔形支撑辊组构成的辊系、压下装置、磨损补偿机构、轧辊和支撑辊的辊型控制和平衡机构等。其他各部分如轧辊传动装置、固定式和可卸式导卫、工艺润滑和冷却系统、工艺参数控制及轧机自动化装置等,为了适应薄带轧制的工艺特点,也有很大差异。

2.2.1 牌坊

森吉米尔轧机的牌坊是一个整体框架式构件,因此有很好的刚性。对于小型轧机,牌坊采用锻钢件制成,而大型轧机则采用整体铸钢件制成。牌坊毛坯需要经过多次退火和时效,以消除内应力,然后再进行高精度的机加工。安装支撑辊的鞍座部分需要修磨,轧辊的安装孔也要刮研,从而保证装配精度。机架的底部和顶部采用等强度梁的形式,使机架具有合理的强度和刚度分布,从而使辊系的变形沿轧辊轴向分布更为均匀,尽量减少轧件的横向厚差。

有一种筒式森吉米尔(Cartridge)轧机,在轧机的整体牌坊中安装一个圆形的筒体,筒体上可以配置不同形式的辊系,可以是1—2—3—4 型,也可以是十二辊、六辊或二辊的配置方式。更换筒体便得到不同形式的轧机。筒体的更换十分方便,这样可以显著地提高森吉米尔轧机的利用率。

2.2.2　辊系和外层支撑辊

1—2—3—4 型的辊系(图 2-3)是森吉米尔轧机的典型辊系。塔形辊系的外层有 8 个支撑辊,用 $A \sim H$ 表示,轧制力由工作辊通过第一列和第二列中间辊转递给支撑辊。其中 B 和 C 是主压下辊,通过轧机上部的大液压缸对其进行压下调整。这两个辊的鞍形环架中装有滚动轴承,能够在很大的轧制压力下较容易地转动。而在鞍形环架中的其他支撑辊则采用滑动轴承,并且只能在无负荷的状态下转动,处于自锁状态。为了调整上下辊系的相对位置(工作辊缝),则需要将这些支撑辊移开。辊 A 和 H 通过一台位于轧机后面的电机移开,辊 D 和 E 也由类似的电机移开。根据轧机中轧辊的尺寸来调整这些支撑辊的相对位置,以保证轧制过程对辊缝尺寸的要求。

支撑辊(图 2-4)由一组外圈加厚的专用轴承 1 和位于轴承之间安装在固定心轴 3 上的鞍座 2 组成。支撑辊的轴承承受来自第二列中间辊的负荷,并通过心轴和鞍座转递给机架牌坊。辊 F 和 G 位于辊系的下部,可以通过位于轧机前面的一个液压缸移动,使这两个辊分开或靠拢,以便于更换工作辊。通过这两个辊的移动,将轧辊调整到轧制线,同时可以消除下部辊系轧辊之间的间隙,同

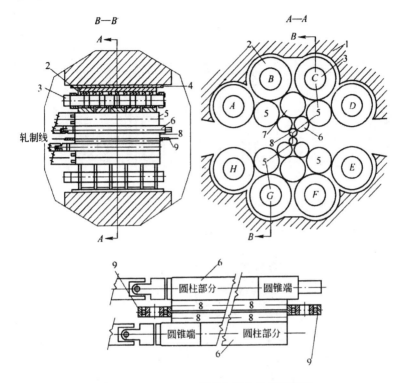

图 2-3 1—2—3—4 型森吉米尔轧机的辊系

1—牌坊;2—支撑辊轴承;3—背衬轴;4—鞍座;5—第二中间辊(传动);
6—第一中间辊;7—第二中间辊;8—工作辊;9—工作辊止推轴承

时也可以起到调整辊缝的作用,补偿轧辊的磨损。

　　支撑辊装置的所有部件要求很高的加工精度,尤其是支撑辊轴承的制造精度要求更高。安装在一个支撑辊心轴上的全部轴承要均匀一致,即"有效截面"相同,从而能够保证轧制力的均匀分布,进而使带材的断面厚度和形状均匀一致。支撑辊轴承的"有效截面"(H)为内外圈的厚度与不考虑径向间隙的滚柱直径的总和。装在一个心轴上的轴承,其"有效截面"值的偏差,根据不同的轴承规格,不应超过 $0.002 \sim 0.005$ mm。

　　支撑辊轴承的计算按照最大承载能力进行,力求在外形尺寸

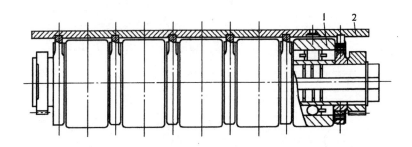

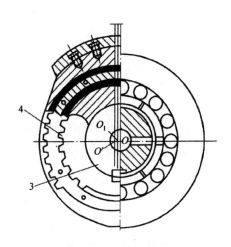

图 2-4　支撑辊结构

1—外圈加厚的专用轴承；2—鞍座；3—心轴；4—扇形齿轮

一定的条件下，承载能力大、接触强度高和使用寿命长。通常，圆滚柱轴承的承载能力比其他类型的轴承大 30％ 以上。美国 RHP (Ransome Hoffman Pollard)公司为森吉米尔轧机制造的圆滚柱轴承有 7 种主要外形尺寸。表 2-1 给出了日本光阳(K)公司的支撑辊轴承的外形尺寸和技术特性，其结构形式如图 2-5 所示。目前，我国洛阳轴承厂也能够提供合格的支撑辊轴承。

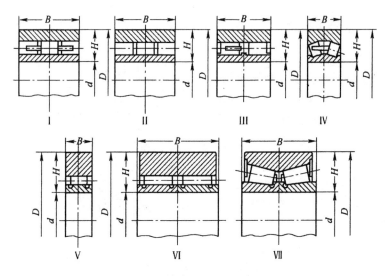

图 2-5 多辊轧机支撑辊轴承结构

表 2-1 光阳(K)公司的支撑辊轴承的外形尺寸和技术特性

轴承型号	轴承尺寸/mm				工作能力系数	静负荷/MN
	d	D	B	H		
I	130	300	160	84.95+0.01	$2.16×10^6$	1.56
	130	300	172.6	84.95+0.01	$2.32×10^6$	1.70
	180	406.4	224	113.16-0.01	$4.1×10^6$	3.20
II	130	300	172.6	84.95+0.01	$2.39×10^6$	2.12
III	130	300	160	84.95+0.01	$1.96×10^6$	1.31
IV	180	406.4	112	113.16-0.01	$1.84×10^6$	1.16
	130	300	80	84.95+0.01	$0.94×10^6$	0.59
V	55	120	26	32.5±0.008		
	55	120	52.2	32.5±0.008		
VI	31.75	76.2	46.2	22.2+0.01		
VII	130	300	172.5			
	180	406.4	224.2			

2.2.3　压下装置

森吉米尔轧机可以采用机械-液压压下、电-液压压下和电传感器-液压压下 3 种形式的压下系统。电-液压压下装置如图 2-6 所示,通过步进电机的间断传动,高速压下装置将轧辊开度的固定变化间隔确定为 $0.3 \sim 1.0 \ \mu m$。压下装置由上下两部分组成,下部分的压下装置用于保持恒定的轧制线,并且能够在断带时快速打开,便于处理故障。上部压下装置用于在轧制过程中调整辊缝。上部压下装置的工作原理是:齿条由液压缸推动,驱动固定在中部支撑辊心轴上的扇形齿轮。液压缸活塞的移动靠上下两腔之间的压力差来实现。上腔平衡压力恒定地作用在活塞上,下腔的工作压力由滑阀调节。当滑阀的位置改变时上下力的平衡

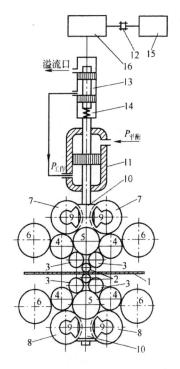

图 2-6　二十辊轧机的电-液压压下装置

1—钢带;2—工作辊;3—第一列中间辊;
4,5—第二列中间辊;6~8—支撑辊;
9—扇形齿轮;10—齿条;11—液压缸;
12—联轴器;13—多边缘单缝隙滑阀;
14—活动轴;15—电机;16—减速机

被打破,活塞与轴套一起上下移动到新的平衡位置。

图 2-7 是一种电传感器-液压压下系统。该系统由半转式液压缸带动齿轮转动,从而使压下齿条上下移动实现轧辊辊缝的调整。当设定好辊缝后,如果在轧制过程中带钢厚度增加,使得轧辊上升,压下齿条向下移动,这样使得与其啮合的小齿轮转动,其上

的传感器发出脉冲信号,经放大器放大后传给电液伺服阀来控制半转式液压缸流量的大小。这样,半转式液压缸旋转,压下齿条向上移动,使轧辊压下恢复到原来位置,其反应时间为 $0.03 \sim 0.05$ s。

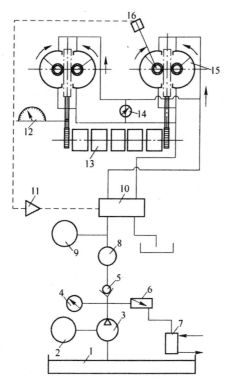

图 2-7 森吉米尔轧机的电传感器-液压压下系统

1—油箱;2—电机;3—泵;4—压力计;5—单向阀;6—调压阀;7—冷却器;8—过滤器;
9—蓄能器;10—电液伺服阀;11—放大器;12—上工作辊位置指示器;
13—B、C 支撑辊;14—压差计;15—旋转液压缸;16—传感器

在轧制厚度公差为 $1 \sim 2$ μm 的带材时,必须使用自动的随动传动压下装置。当轧辊开度的固定变化为 1 个步距时,压下装置必须具有 $100 \sim 200$ 个步距/s 的快速动作。步距的大小与轧机的规格相匹配,在 $0.4 \sim 4.0$ μm 的范围内。

2.2.4　辊型控制系统

　　辊型控制系统是现代森吉米尔轧机的重要组成部分,对于轧制高精度的带材起着极其重要的作用。森吉米尔轧机一般采用第一列中间辊轴向移动机构来调整辊型,见图2-8。第一列中间辊的辊身边部呈锥形,从而保证沿带钢宽度的变形更为均匀。为了对板形进行微调,森吉米尔轧机还设置了支撑辊辊型调整机构,即通过安装在支撑辊 D 上的偏心套机构来实现辊型的调整,见图2-9。

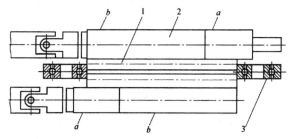

图2-8　调整辊型的第一列中间辊轴向移动机构

1—工作辊;2—第一列中间辊;3—止推轴承;

a—锥形部分;b—圆柱体部分

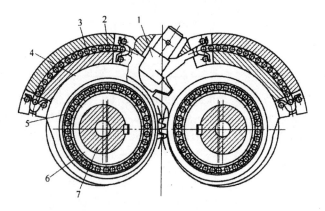

图2-9　支撑辊辊型调整的偏心套机构

1—调整辊型的液压钩杆;2—滚针;3—鞍座的滑轨;4—鞍座环;

5—背衬轴承;6—偏心套;7—心轴

这些偏心套分别由各自的液压缸传动。任何一个偏心套的回转都能使心轴的相应部分弯曲,从而在一定范围内消除带钢的厚度差,由此来控制板形。此外,也有的森吉米尔轧机通过在支撑辊 B 和 C 上安装的小型液压马达,带动很小的辅助偏心齿轮系的同步运动,在轧制过程中改变轧辊的凸度。辊型控制系统与厚度自动控制系统都通过计算机控制系统来完成控制操作。小型的森吉米尔轧机在轧制前调整辊型,通过调整鞍座板上的螺栓,或采用液压传动的楔形机构来改变鞍座板与牌坊的相对位置,从而改变支撑辊的凸度,达到调整板形的目的。

2.2.5 轧机传动装置

森吉米尔轧机的传动包括主传动和卷取机传动。因为森吉米尔轧机大多是可逆轧制,轧制速度需要在较大的范围内调整,因此主传动采用直流电机经过齿轮机座和鼓形齿接轴直接传动第二列支撑辊。齿轮机座的速比一般小于 1,即为增速传动。由于森吉米尔轧机的结构十分紧凑,两个传动辊的中心距很小,齿轮机座的各个传动件的尺寸受到限制。这样,各零件在材料选择和加工工艺方面要求十分严格,以保证在小尺寸的条件下提供足够的驱动力矩。

薄带轧制工艺过程应保证很高的传动精度,因此对传动系统的要求很高,当电机力矩不变时,在整个轧制速度范围内调整转速,同时要求保持很高的传动精度。否则,将极大地影响轧制精度。张力是薄带轧制工艺过程中最重要的参数之一,为了保持稳定的张力轧制,轧机的速度调整必须与卷取机速度相匹配。速度控制是对电控系统的基本要求。

薄带轧制一般采用带整体卷筒的卷取机,卷取时应采用皮带助卷器。卷筒的加工精度较高,从而保证张力的均匀和卷取质量。由于没有胀缩机构,所以带卷在轧制后必须重卷才能够卸卷。卷取机主要有 3 种,即悬臂式卷取机、可移式双支座卷取机和回转式双支座卷取机。悬臂式卷取机在轧制结束后需要将带卷与卷筒一起卸下,然后利用重卷装置重卷后取下卷筒。可移式双支座卷取机在轧制结束后可以移离轧机,然后再进行处理。回转式双支座卷取机在轧机两侧各有两台安装在转盘上的双支座卷取机,轧制结束后转盘回转,使另一台卷取机处于工作位置。这样使轧机的作业率有较大的提高。

对于大型森吉米尔轧机,卷取机一般采用两台功率不同的驱动电机串联运行。根据轧制带钢的厚度和宽度,选用不同的驱动电机来建立轧制张力。这样,能够减小卷取机传动系统的动态力矩,同时可以更精确地调整轧制张力。

2.2.6　工艺润滑和冷却系统

森吉米尔轧机较多的辊数和高精度的轧制工艺要求有良好的工艺润滑和冷却,包括辊系的冷却与润滑,以保证轧机正常工作。对于支撑辊轴承的润滑则采用独立的润滑系统,以保证工艺润滑和辊系冷却的效果。冷却和工艺润滑采用一种润滑剂。因此,润滑剂应具备工艺润滑性良好和冷却效率高两种特性,同时应满足经济性和环保方面的要求。目前,森吉米尔轧机使用的冷却润滑剂大多是低黏度矿物油和乳化液,其冷却和润滑特性为:

	油	乳化液
导热系数/W·(m·℃)$^{-1}$	0.143	0.524
比热容/kJ·(kg·℃)$^{-1}$	2.01	3.95~4.19
38℃时的黏度/mm^2·s^{-1}	3.0~24.6	0.65~1.1
钢-冷却剂界面的热交换理论系数/W·(m^2·℃)$^{-1}$	1820~2905	13905

用于森吉米尔轧机辊系的润滑和冷却,润滑剂可以从轧机后面通过围绕轧机后门的环带入,然后分配到每个支撑辊轴的中心油孔;通过支撑辊轴,再经过轴承的径向流出,最后由支撑辊轴在径向上的孔流出。润滑剂流出轧辊后落到带钢上,吸收一些带钢的热量后通过轧机前后的两根管子排出。

轧制工艺过程的润滑油通过安装在紧靠工作辊辊缝的集束管在高压下喷入辊缝。润滑油的流动方向是由中心向带钢边部流动,这样可以冲走轧制过程中带钢上剥落下的金属碎屑,从而保证带钢的轧制质量。

图 2-10 所示的是 1200 mm 二十辊轧机轧辊的工艺润滑和冷却系统,该系统有润滑和冷却剂两条油路。第一条油路净化程度较低,采用 0.1 mm 的网式过滤器对润滑剂进行一次净化,用于轧辊辊系和带钢的冷却润滑。第二条油路净化程度高,经过网式过滤器两级过滤,用于支撑辊背衬轴承的润滑。此外,该部分的油还要按闭路循环进行进一步过滤净化。

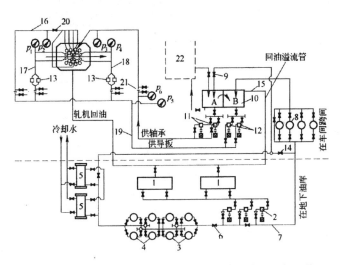

图 2-10 1200 mm 二十辊轧机轧辊的工艺润滑和冷却系统

1—沉降箱;2、11、12—泵;3—粗净化网式过滤器;4—细净化网式过滤器;

5—冷却器;6—调节阀;7—容器 B 的供油线路;8—网式过滤器;

9—容器 A 的供油调节阀;10—向导板和塔形支撑辊组供油的容器 B;

13—关断阀;14—容器 A 和 B 的供油调节阀;15—过量润滑油的溢出干线;

16—塔形支撑辊组供油线路;17、18—导板供油线路;

19—导板和塔形支撑辊组供油总线路;20—塔形支撑辊组供油调节阀;

21—流量测量孔板;22—润滑油细净化区

润滑油进入轧机之前的压力约为 0.2 MPa 时,支撑辊轴承的润滑油流量在 0.025 m³/s 以下;当压力约为 0.4～0.5 MPa 时,用于冷却轧辊和带钢的工艺润滑油流量为 0.05 m³/s。在这种情况下,轧制速度在 5 m/s 以下时轧机的温升可以保持在合适的范围内,润滑油的总流量约为 0.075 m³/s。

2.3　森吉米尔轧机的轧辊及辅助装置

2.3.1　轧辊

与普通冷轧机相比较,森吉米尔轧机的轧辊对材质和加工工艺有很多特殊的要求。典型的工作辊和传动辊的结构及加工精度要求如图 2-11 所示,轧辊的主要参数是辊径和辊身长度,两者决定了轧辊的结构尺寸和轧机的特性。

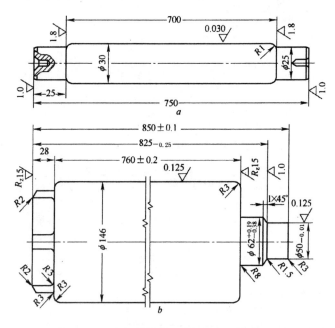

图 2-11　二十辊轧机的工作辊(a)和传动辊(b)

轧辊直径取决于轧件的材质与厚度、使用条件、最大轧制力、压下量和轧机的结构。轧辊直径与板材的最小可轧厚度之间有以下关系：

$$D_1 \approx 2000 h_{\min}$$

准确地确定最小可轧厚度 $h_{\min}$ 是很困难的，$h_{\min}$ 与轧件的材质、轧辊和轧件的弹性模量、轧制工艺参数和接触表面的摩擦状态有关，通常可以使用表 2-2 中的经验公式来确定。辊身长度可以根据轧制带材的最大宽度按照下式计算：

$$L = B_{\max} + a$$

式中，$a = 50 \sim 200\ \text{mm}$（根据带材宽度选择）。

表 2-2　确定最小可轧厚度的经验公式

编　号	作　　者	$h_{\min}$ 的公式
1	斯通(Stone)	$0.77 fckD_1$
2	斯通(Stone)	$3.92 fkD_1(1-\mu_z)/E_z$
3	通格(Tong)	$3.62 fkD_1/E_z$
4	特罗斯特(Trost)	$\dfrac{ckD_1}{8}\left[1+\dfrac{1-4f}{\left(\ln\dfrac{1}{2f}-1\right)^2}\right]$
5	福特(Ford) 亚历山大(Alexander)	$\dfrac{7.11 f^2 D_1(1-\mu_b)^2}{E_b}+\dfrac{4.02 fD_1(1-\mu_z)^2}{E_z}$
6	罗伯茨(Robertz)	$(0.585\sim1.25) fkD_1/E_z$

注：f—接触摩擦系数；D_1—工作辊直径；μ_z、μ_b 和 E_z、E_b—分别为轧辊和板材的泊松比和弹性模量；$c = 16(1-\mu_z^2)/(\pi E_z)$；$k = 1.15\sigma_s - \sigma_{cp}$；$\sigma_s$—板带材的屈服极限；$\sigma_{cp}$—平均单位张力，$\sigma_{cp} = 0.5(\sigma_1 + \sigma_2)$；$\sigma_1$、$\sigma_2$—分别为单位后张力和单位前张力。

森吉米尔轧机的常用工作辊直径的范围是 $3 \sim 160\ \text{mm}$，中间辊直径的范围为 $5 \sim 250\text{mm}$，支撑辊直径的范围是 $10 \sim 400\ \text{mm}$。

根据轧机的用途，轧辊的辊身长度范围一般为 $60 \sim 1700\ \text{mm}$，最长的辊身长度可达 $2000\ \text{mm}$ 以上。

森吉米尔轧机的轧辊材质多为冷轧辊专用的轧辊钢（9Cr、

9Cr2、9Cr2Mo、9CrMoV、9Cr2MoV、6Cr6MoV 等），要求有一定的淬火深度，以保证轧辊的表面硬度和耐磨性。通常，工作辊辊身表面的肖氏硬度在 85～95(HRC60～65) 之间，中间辊辊身的肖氏硬度在 75～90(HRC58～63) 之间。根据辊径的大小，淬火深度在 2～10 mm 范围内。因为森吉米尔轧机轧辊的尺寸较小，采用整体淬火的热处理工艺是可行的。与表面淬火相比，整体淬火轧辊的截面硬度分布均匀，重磨深度可达 3.15 mm，试验的工作辊平均寿命为 256.1 t/辊。

硬质合金工作辊的使用也很广泛，由于其高硬度和高弹性模量，可以显著地提高工作辊的耐磨性，降低弹性压扁量，从而能够轧制更薄的带材，提高了带材的轧制精度，延长了轧辊的使用寿命。与合金钢轧辊相比，硬质合金工作辊轧制压力可增加 25%，弹性模量提高一倍，使用寿命可延长 14～29 倍，从而显著地提高了森吉米尔轧机的生产率。

使用硬质合金工作辊重磨时的减径量为 0.003～0.0125 mm，而合金钢轧辊为 0.05～0.125 mm。对于断裂的轧辊可以很容易地用热压法在石墨压模中修复，修复的成本大约是新辊价格的 10%～12%。

森吉米尔轧机的轧辊加工精度要求很高，其中最重要的要求是轧辊辊身母线的平行度，根据工作辊和中间辊长度和直径的不同，其锥度不应超过 0.001～0.005 mm，圆柱度不应超过 0.002～0.005 mm。轧辊表面粗糙度的要求可以根据所轧制板材的表面粗糙度来确定。通常，工作辊的表面粗糙度与所轧制板材的表面粗糙度一致，在轧制极薄带材时工作辊辊身的表面粗糙度更高。中间辊辊身的表面粗糙度比工作辊要低一个数量级。

应该注意的是，工作辊辊身表面粗糙度的高低与其使用寿命有很大关系，提高或降低表面粗糙度都会使轧辊的使用寿命降低。

由于轧辊的可靠性和使用寿命在很大程度上决定了产品质量、轧机的生产能力和作业率，所以提高轧辊使用寿命将会显著地提高生产经济效益。所采用的措施是对轧辊进行表面高温形变热处理,这样可以使轧辊寿命提高 1.5～2 倍,同时可以省去一些常规的轧辊制造工序。轧辊表面镀铬也是提高寿命的措施之一,同时也能显著地改善轧件的表面质量。

2.3.2 轧辊位置补偿调整机构

由于森吉米尔轧机的机架是框架结构,辊系排列紧凑,压下量很小,当轧辊经过多次重磨后,为了补偿辊径减小所产生的间隙,需要设置轧辊位置补偿调整机构(图 2-12)。其工作原理是,电动机 8 驱动蜗轮蜗杆减速器 7,经锥齿轮 4、5 传动齿轮 2、3,使安装在支撑辊轴头上的大齿轮 1 和 6 回转,从而带动轴上的偏心环同时转动,使整个辊系向里靠近或向外展开,这样就使工作辊的位置向上或向下移动,达到补偿的目的。

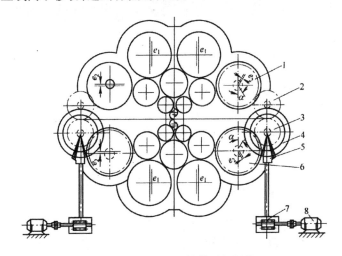

图 2-12 轧辊位置补偿调整机构
1、6—大齿轮;2—中间齿轮;3—小齿轮;4—大锥齿轮;5—小锥齿轮;
7—蜗轮蜗杆减速器;8—电动机

2.3.3 压上装置

为了调整轧制线水平位置,保持轧制标高不变,森吉米尔轧机设置了压上装置,其工作原理与压下装置相同。

2.3.4　进出口辅助装置

　　森吉米尔轧机进出口辅助装置如图 2-13 所示,主要包括用于在垂直方向上限制带材的方向,便于喂料的导卫装置;用于擦拭板材表面,防止油污进入辊缝的板面擦拭器;正确导入带材的侧导板(辊);在轧制后除去带材表面残油的刮油器等。

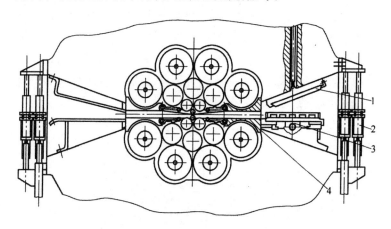

图 2-13　森吉米尔轧机进出口辅助装置
1—板面擦拭器;2—刮油器;3—侧导辊;4—导卫装置

2.4　森吉米尔轧机的规格系列

　　在生产薄板带材的全部冷轧机中,约有十分之一以上是多辊轧机,其中森吉米尔轧机的数量最多。目前,有 400 套以上的森吉米尔轧机在使用。其辊径的规格范围从几毫米到 100 mm 以上,辊身长度从 100 mm 到 2000 mm 以上,产品厚度范围从 0.0015 mm 到 10 mm。森吉米尔轧机的规格很多,设备能力相差很大,如表 2-3 所示。

　　最常见的二十辊森吉米尔轧机的术语是字母 ZR 与两组数字的组合,其意义是:“Z”是 Zimna 的字头,波兰语为“冷”的意思,

"R"是指可逆的,第一组数字表示轧机牌坊断面和背衬轴承外径,第二组数字表示带材宽度(英寸)。

表 2-3 森吉米尔轧机规格系列与技术参数

轧机规格	形 式	工作辊直径/mm	支撑辊直径/mm	最大轧制压力/N·mm⁻¹	带钢宽度/mm		带钢最小厚度/mm
					最小	最大	
ZR32	1—2—3—4	6.35	47.60	714	108	222	0.00254
ZR15	1—2—3	11.89	74.60	1071		215	
ZR16	1—2—3	20.32	119.99	1428	215.9	457	
ZR34	1—2—3—4	10.16	76.20	1428	330.2	447	0.01016
ZR24	1—2—3—4	21.44	119.99	2143	215.9	495	0.02032
ZR33	1—2—3—4	28.59	158.21	2678	330.2	1219	0.0254
ZR19	1—2—3	46.02	212.94	2678	482.6	1219	
ZR23		40.02					0.0508
ZR23M	1—2—3—4	61.47	212.94	3571	482.6	1574	0.0635
ZR22		53.97					0.0762
ZR22B	1—2—3—4	63.50	299.72	5357	660.4	3048	0.0889
ZR21	1—2—3—4	88.90	406.40	8929	838.2	5288	0.0889

2.5 偏八辊轧机

偏八辊轧机(MKW 轧机)是德国施罗曼公司制造的一种使用小直径工作辊的轧机,故又称施罗曼轧机。为了防止工作辊过度的横向弯曲,在轧机的出口侧安装辅助的支撑辊,见图 2-14,因此支撑辊与工作辊的直径之比可以达到 6:1 或更大。

轧机的工作辊没有轴承座,只是固定在简易的夹紧装置中,又因为采用支撑辊传动,所以很容易换辊。工作辊采用液压平衡。

支撑辊采用滚柱式轴承,使得支撑辊的轴向位置得以保证,所以能够使轧机在加速和减速期间轧辊辊缝保持恒定。

偏八辊轧机配备有辊型调整装置,在轧机的前后设置卷筒回转台,便于快速上卷和卸卷。

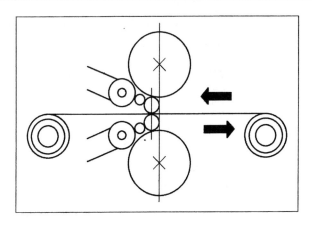

图 2-14　偏八辊轧机的辊系

参 考 文 献

1　波卢欣.多辊轧机轧制.郭鸿运等译.北京:冶金工业出版社,1987

2　王廷溥.轧钢工艺学.北京:冶金工业出版社,1980

3　李耀群.多辊轧机冷轧技术.北京:冶金工业出版社,1978

4　罗伯茨 W L.多辊轧机冷轧技术.王廷溥等译.北京:冶金工业出版社,1985

5　德国钢铁工程师协会.冷轧带钢生产.武汉钢铁设计研究院技术情报科等译.北京:
机械工业出版社,1979

6　日本钢铁协会.日本冷轧带钢技术.《日本冷轧带钢技术》编译组译.北京:冶金工业
出版社,1985

7　赵家骏.冷轧带钢生产问答.北京:冶金工业出版社,2004

8　贺毓辛.冷轧板带生产.北京:冶金工业出版社,1992

3 螺旋孔型轧机

3.1 螺旋孔型轧机的主要用途

螺旋孔型轧制是斜轧技术之一,基本方法是将斜轧机的轧辊加工出螺旋状的沟槽或者是突起,其断面可以是半圆形、梯形或其他形状,从而使变形区形成螺旋状的孔型。在轧制过程中,轧辊使轧件螺旋前进,金属逐渐充满孔型,进而得到所需要的轧件。该项技术主要用于钢球、麻花钻头和羽翎翅片管的轧制生产中,也可以用来生产各种环件产品(表 3-1)。

表 3-1 螺旋孔型轧制的产品种类

实心体	简单外形	球类件(图 3-1a)
		柱状回转体(图 3-1b)
		简类、锥套类回转体(图 3-1c)
	复杂外形	成品,如滚铣刀坯(图 3-1d)
		异形件,如备坯(图 3-1e)
环形件	光环件(图 3-1f)	包括固定芯棒轧制(图 3-1g)和浮动芯棒轧制两种类型
	异形环件(图 3-1h)	
螺旋面件	实心件,如螺纹、蜗杆、钻头等	
	空心件,翅片管等	
螺旋孔型轧制产品,如麻花钻头等		

在 20 世纪 50 年代,苏联、日本、美国等国家采用螺旋孔型轧制技术高效率生产钢球、丝杠等产品(包括冷、热轧和空、实心零件),取得了显著的经济效益。我国从 20 世纪 60 年代开始利用该技术生产球

磨机钢球。70年代开发了单孔型工艺、深浅孔型工艺、多头轧制工艺以及相应的设备和轧辊,使该技术得到较快的发展。

　　螺旋孔型轧制所使用的设备主要是二辊或三辊式斜轧机,利用辊型的变化来生产不同形式的产品。其传动方式有单辊传动、多辊传动和轧辊自由传动等不同的形式。也有一些特殊形式的轧机,如麻花钻头轧机、行星式管料切断轧机等。

　　螺旋孔型轧机可以实现单机自动化生产,如翅片管轧机等,生产线的组成包括上料装置、加热用自动输送机构、自动推料入料装置、轧机和出料分选装置,还有淬火或冷却装置等。

　　螺旋孔型轧制也可以由几台轧机组成生产线进行自动化连续生产。由于生产线的效率很高,因此,配套的各个辅助装置也应该有很高的生产效率,如加热炉、芯棒装取、冷却和输送装置等。

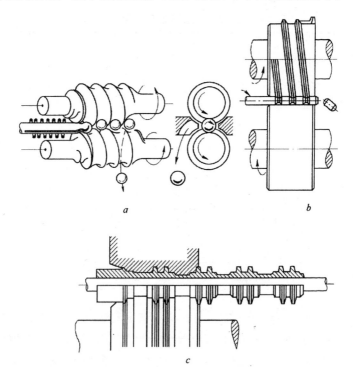

a　　　　　　　　　　　　　　*b*

c

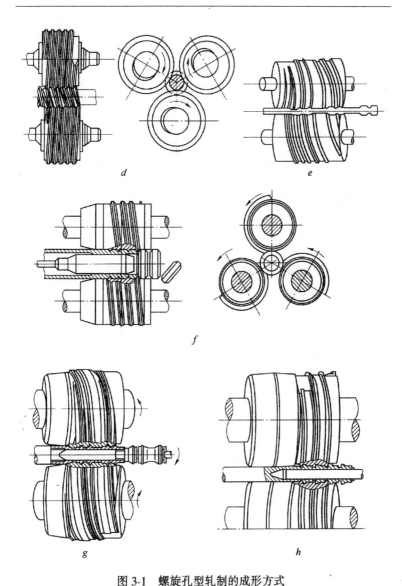

图 3-1 螺旋孔型轧制的成形方式

a—钢球轧制;b—柱状零件轧制;c—空心件轧制;d—复杂外形实心件轧制;
e—复杂外形制坯轧制;f—光环件轧制;g—异形环件轧制(固定芯棒);
h—异形环件一次穿轧成形

3.2　螺旋孔型轧机的主要技术参数

通常,螺旋孔型轧机的设备能力用能够轧制零件的最大直径表示。轧件的最大外径取决于轧辊的最大直径,表 3-2 示出了螺旋孔型轧机的轧辊最大直径与轧件最大外径的关系。

表 3-2　螺旋孔型轧机轧件最大外径与轧辊最大直径的关系(mm)

轧件最大外径	轧辊最大直径	轧件最大外径	轧辊最大直径
>100	>450	55	200~250
100	350~450	35	130~200
75	250~350		

由于螺旋孔型轧机的种类很多,因此设备的技术参数要根据产品的种类和规格确定。表 3-3 是部分螺旋孔型轧机的主要技术参数,表 3-4 是 ZH100 型螺旋孔型轧机的主要技术参数。

表 3-3　部分螺旋孔型轧机的主要技术参数

项　　目	轧机类型		
	钢球轧机	轴承环轧机	齿轮滚刀轧机
工件直径/mm	40~80	50~100	45~130
轧制力/kN	500	400	
轧辊数/个	2	2	3
轧辊倾角/(°)	0~4	0~10	0~6
轧辊直径/mm	300,420	300,420	265
轧辊转速/$r \cdot min^{-1}$	67~140	74	57
主电机功率/kW	225	380/280	130
设备质量/t	约20	约20	

表 3-4　ZH100 型螺旋孔型轧机的主要技术参数

项　　目	参　　数
工件直径/mm	50~100
轧制力/kN	400

项 目	参 数
轧辊数/个	2
轧辊倾角/(°)	0~10
轧辊直径/mm	420
轧辊辊身长度/mm	410
轧辊转速/r·min^{-1}	74
主电机功率/kW	130
设备质量/t	12

3.3 螺旋孔型轧机的结构形式

与斜横轧机类似,螺旋孔型轧机的形式也有穿孔机式和机床式两种类型。穿孔机式螺旋孔型轧机适用于大直径工件的轧制;机床式螺旋孔型轧机的特点是结构紧凑,质量轻,体积小,适于生产小规格的轧件。

3.3.1 穿孔机式螺旋孔型轧机

穿孔机式螺旋孔型轧机(图 3-2)的主要组成部分包括:机架、轧辊箱、传动装置(电机、减速箱、齿轮箱和万向接轴等)、轧辊送进角调整机构、轧辊压下和回程装置、导板及其调整机构、芯棒的装取装置和工艺润滑冷却系统等。

穿孔机式螺旋孔型轧机的主机座如图 3-3 所示,主要包括以下部分:

(1)机架。机架是用于承受轧制力和轧制力矩的部件。螺旋孔型轧机的机架通常采用开式结构,两个牌坊与上横梁和底座用 4 根拉杆联在一起,紧固时采用加热或液压压紧的方法使拉杆具有一定的预紧力。

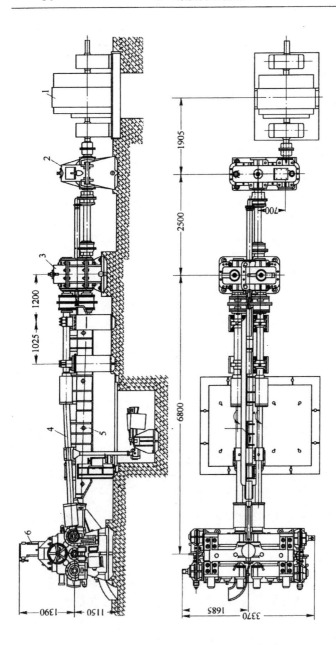

图3-2　穿孔机式螺旋孔型轧机组成

1—主电机；2—减速器；3—齿轮座；4—万向连接轴；5—受料台；6—工作机座

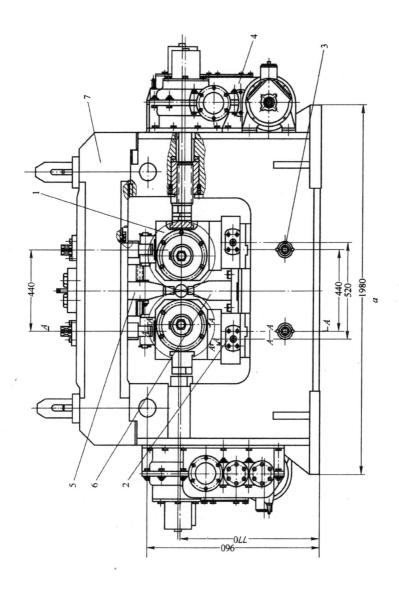

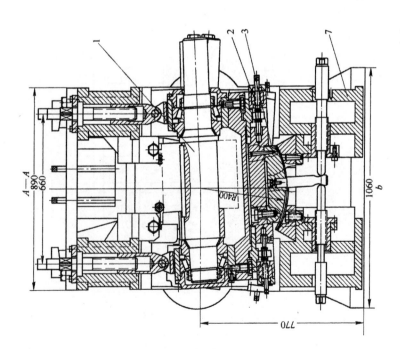

图 3-3　穿孔机式螺旋孔型轧机的主机座
a—主视图，b—侧视图
1—轧辊装置，2—轴向调整机构，3—轧辊送进角调整机构，
4—轧辊径向调整装置，5、6—导板装置，7—机架部件

机架底座通常采用铸铁材料,而牌坊为铸钢件,上横梁采用焊接结构。在上下布置轧辊时,在上横梁和底座的两侧均有一个弧面,用于支撑安装轧辊的转鼓。

(2) 轧辊装置。螺旋孔型轧机的轧辊装置(图3-4)包括:轧辊、辊轴、轴承、轴承座等。轧辊装置安装在Ⅱ形铁内,Ⅱ形铁可以

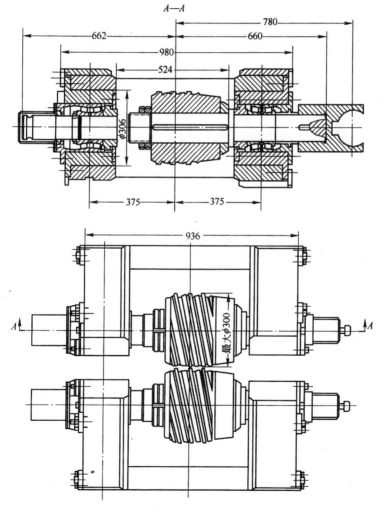

图3-4　螺旋孔型轧机的轧辊装置

与转鼓一起转动,以调整送进角。轧辊可以采用冷硬铸铁、铸钢或锻钢材料。轴承座通常为锻件,轴承则采用圆锥滚柱轴承,以承担较大的轴向力。

(3) 压下装置。压下装置(图 3-5)安装于牌坊的两侧。为了适应轧辊的送进角,压下装置也倾斜布置,与牌坊的水平中心线呈 3°~5°角。压下装置由电动机通过减速机构(蜗轮蜗杆)带动前后两个压下螺丝,使轧辊进行径向调整。两个压下螺丝可以单独调整,以适应轧制工艺的要求。

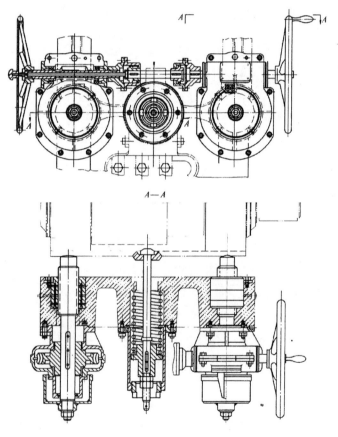

图 3-5　螺旋孔型轧机的压下装置

（4）导板。为了保持轧件的稳定,在两个轧辊之间设置上下导板(图3-6、图3-7)。导板采用铸铁制造,用燕尾槽通过螺栓与上横梁和底座连接。上导板用手轮带动螺杆来调节上下位置,而下导板采用垫块调整。

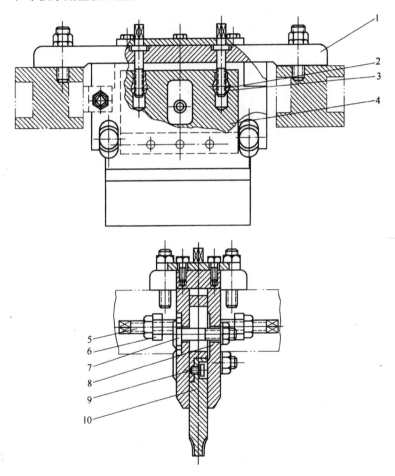

图 3-6　穿孔机式螺旋孔型轧机的上导板装置

1—导板座;2—调整丝杠;3—圆螺母;4—滑板;5—丝杠;6—固定螺母支腿;
7—螺栓;8—压板;9—螺钉;10—导板

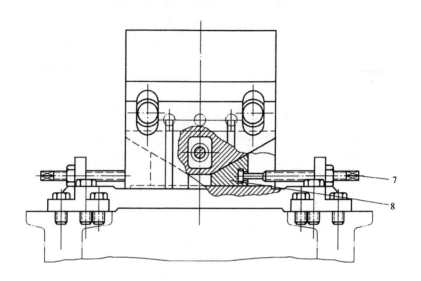

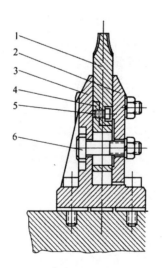

图 3-7　穿孔机式螺旋孔型轧机的下导板装置

1—导板;2—压板;3—导板座;4—滑板;5—螺钉;

6—螺栓;7—丝杠;8—带斜面的滑块

(5) 主传动。穿孔机式螺旋孔型轧机的主传动(图 3-2)与无缝钢管穿孔机组类似,主要包括:电机、减速器、主接手、齿轮箱和万向接轴。对于一些小型螺旋孔型轧机,可以采用皮带轮减速传动。

3.3.2 机床式螺旋孔型轧机

对于一般的机器制造厂,生产小规格、高精度零件时,多采用结构紧凑的机床式螺旋孔型轧机。这种轧机体积小,设备布置和操作使用方便,因此应用较为普遍。

图 3-8 是一种改进型的机床式螺旋孔型轧机,该轧机全部采用齿轮传动,取消万向接轴,将传动机构与主机座布置在一起,结构紧凑,操作观察更加方便。图 3-9 是机床式螺旋孔型轧机的传动简图。

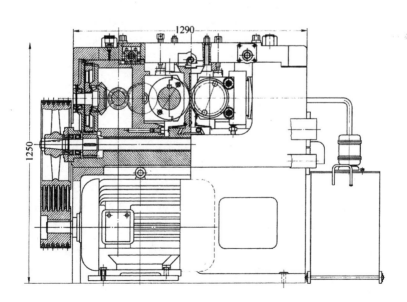

图 3-8　机床式螺旋孔型轧机

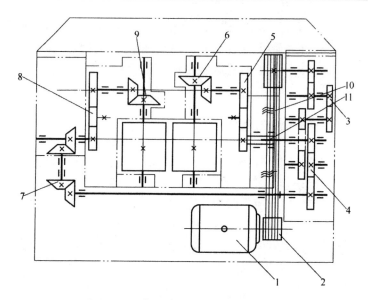

图 3-9 机床式螺旋孔型轧机传动简图

1—电动机;2—皮带减速装置;3—齿轮减速装置;4—分速齿轮;

5—右行星齿轮箱;6—右圆锥齿轮;7—转向圆锥齿轮;8—左行星齿轮箱;

9—左圆锥齿轮;10—螺母;11—花键轴

3.4 螺旋孔型轧机的调整

由于螺旋孔型轧机的轧辊是多槽的螺旋孔型,为保证轧制的顺利进行,除应选择合理的工艺参数外,还必须对轧机进行适当的调整,因此轧机的调整是十分重要的。调整的内容主要包括:

(1)轧辊倾角的调整。为了实现螺旋孔型轧制过程,轧辊轴线与轧制线之间有一个倾角,即送进角。与钢管斜轧不同的是,轧辊倾角与轧辊孔型的螺旋升角有一定的关系,其计算方法是:

$$\alpha = \tan^{-1}\frac{s}{\pi D} = \beta$$

式中　D——轧辊轧制直径,mm;

s——螺旋孔型导程,mm。

与钢管斜轧机类似,一般情况下轧辊送进角小于 10°。

轧辊送进角调整机构的形式有许多种,常用的有螺纹机构(图 3-10)和转鼓装置(图 3-11)。与钢管穿孔机不同,螺旋孔型轧机的轧辊送进角调整并不频繁,所以采用手动的螺纹机构来调整轧辊送进角更为合适。

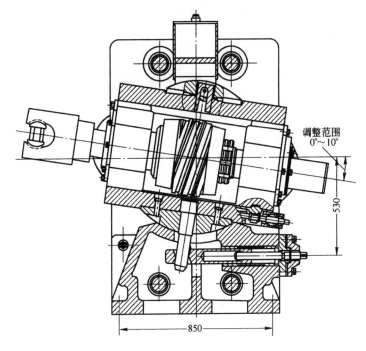

图 3-10 采用螺纹机构调整轧辊送进角

(2) 轧辊相位角的调整。对于螺旋孔型轧制过程,轧辊的螺旋孔型起始位置必须对正,以避免"端切"或"乱扣"现象,因此,需要调整轧辊的相位角。调整的方法可以是在齿接手处将轧辊和接轴分开,对正后再将两者连接在一起。

(3) 轧辊轴向位置的调整。由于轧辊具有螺旋孔型,要保证孔型的棱角相对,必须调整轧辊的轴向位置。调整方式主要是通过螺旋机构使轧辊轴承座产生轴向移动。图 3-12 所示的是轴向调整机构的一种。

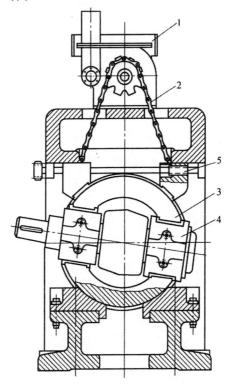

图 3-11 采用转鼓装置调整轧辊送进角

1—蜗杆减速器;2—链轮机构;3—转鼓;4—轧辊装置;5—锁紧装置

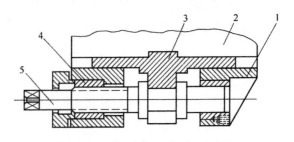

图 3-12 十字滑块式轴向调整机构

1—Ⅱ形铁;2—轧辊箱;3—十字块;4—螺母;5—调整螺丝

图 3-13 是双螺母式轴向调整机构,通过调整轧辊轴两边的螺母来实现轧辊的轴向调整。

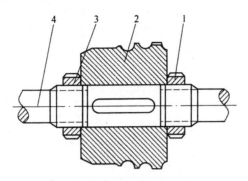

图 3-13　双螺母式轴向调整机构
1、3—螺母;2—轧辊;4—轧辊轴

螺旋孔型斜轧轧辊的轴向位置调整量在 20 mm 以内。

(4) 轧辊径向位置的调整。在改变轧件的规格时或者在轧制过程中需要调整轧辊的径向位置,通常是采用压下装置来实现轧辊径向位置的调整。

除了上述的调整项目外,还需要对导板位置、轧辊转速等参数进行调整,经过反复调整试轧后才能够获得合格产品。

3.5　钢球轧机

3.5.1　概述

使用钢球轧机在热状态下轧制钢球是生产钢球的主要方法之一。钢球轧机的结构形式以两辊钢球轧机的数量最多,其轧制原理如图 3-1a 所示。轧件在开有螺旋孔型、具有一定的送进角、同方向旋转的一对轧辊的作用下进入变形区被轧制成球体。轧出的钢球纤维流向理想,出现的极部很小,无飞边。该方法生产的钢球主要用于球磨机,或者作为滚动体的坯料使用。

钢球轧制生产线的主要设备有上料装置、加热炉、出炉辊道、轧机、钢球冷却淬火和收集装置等。对于大型的钢球轧制生产线需要配置连续式加热炉,其小时产量为 5～15 t。小型的钢球轧制生产线则使用感应加热炉。

钢球轧机的主要技术参数如表 3-5 所示,由于设备尚没有定型生产,所以设备的技术性能有较大的差异。

钢球轧机也可以用于圆柱滚子类零件的热轧或冷轧。

表 3-5　钢球轧机的主要技术参数

机　型	A1	A2	B1	B2	C1
钢球直径/mm	25～50	25～50	40～80	40～80	125
坯料长度/mm	3～5	3～5	1～3	3～5	3～6
轧辊直径/mm	190～300	205～300	280～420	270～460	520～690
轧制力/kN	500	500	700	700	175
最大扭矩/kN·m	40	40	47.5	47.5	100
送进角/(°)	0～4	0～4	0～7	0～7	0～7
轧辊轴向调整/mm	±5	±5	±10	±10	±10
轧辊转速/r·min⁻¹	75,135,180	60～180	140,95,67,46	80～160	40～85
生产速度/个·min⁻¹	75～180	75～180	46～200	80～385	50～170
轧辊使用寿命/t	770	2865	250	1400	300～400
电机功率/kW	AC160	DC160	AC225	DC550	DC885
轧机质量/t	27	20	30	42	104
轧辊直径/钢球直径	3.6～12	4～8	3.5～10	3.5～11	4～5

3.5.2　钢球轧机的主要结构

较大型钢球轧机的主要结构与螺旋孔型轧机的结构基本相同(图 3-3)。轧机由底座、立柱、上横梁、测压装置、轧辊的轴向和相位角调整机构、上下导板及其调整机构和调整送进角的转鼓组成。4 个立柱、上横梁和底座由上、下各 4 个拉杆组装在一起构成轧机的机架。立柱和底座为铸钢件,横梁采用焊接结构。

轧辊装置(参见图 3-4)被安装在一个转鼓上,调整轧辊的送进角时,转鼓在横梁和底座之间旋转,带动轧辊调整到要求的角度。

机架的两侧有轧辊压下装置,用于调整辊缝。压下装置由电动机通过蜗轮蜗杆减速器带动前后两个压下螺丝,使轧辊做径向调整。两个减速机构之间有离合器,可以使前后的压下螺丝同时或单独压下,以使轧辊的前后辊距不等,满足轧制工艺要求。

为了保证轧制精度,轧辊还设有轴向调节机构。在两个轧辊之间安装上、下导板。上导板固定在上横梁的支架上,上导板的调整使用螺旋压下机构用手动完成。上导板也可以用 4 个螺钉来调整其水平面。下导板固定在底座上,用燕尾槽和压紧螺栓固定,高度位置采用垫板调整。

主传动包括主电机、联合减速箱、万向接轴及其平衡装置。轧辊分别由两根万向接轴传动。万向接轴的长度和中心距决定于坯料的最大长度。而坯料的最短长度则取决于轧辊的最大送进角。在轧辊的轴端与万向接轴之间有齿接手相连接,通过齿接手可以调整轧辊的相位角,这一点对于螺旋孔型轧制是十分重要的。万向接轴之间安装受料台(轧机前台),气动推杆将加热的坯料通过导套推入辊缝,然后轧件便被咬入轧制。球磨钢球轧出后马上落入机后的水槽淬火冷却,再由刮板输送机将其输送到另一个料斗中。

简化结构的钢球轧机其送进角是固定不可调的,坯料从轧机的一侧喂入,从而使机架结构简化,设备质量减轻。侧面喂料使万向接轴的选择余地更大,提高了强度,延长了使用寿命。该设备适用于小直径钢球的轧制。

3.5.3 轧机主要参数选择

为了满足工艺要求,钢球轧机的设计和选型应考虑轧机的生产能力、产品范围和轧制速度等性能指标。

3.5.3.1　轧机的规格

钢球轧机的规格可以用最大辊径表示,也可以用钢球的最大直径表示,通常不用轧制力和产量指标表示。用轧制钢球的最大直径表示较为直观,能够直接了解设备的生产能力。

轧制钢球的最大直径决定于轧辊的最大直径,合理地确定轧辊的最大直径是非常重要的。轧制钢球和轧辊直径之间的关系可参见表3-2。

3.5.3.2　轧辊转速

轧辊转速的确定要考虑轧件的质量、能量消耗、生产率的要求、辊径的大小和轧制节奏与操作频率等因素。此外,轧制速度高能提高轧件的塑性,降低材料的变形抗力。

由于钢球轧制过程中金属的流动剧烈,轧辊的磨损很快,一般采用耐热性能好的合金工具钢来制作钢球轧机的轧辊。热处理后的轧辊硬度应达到 HRC45~55。此外,在轧辊螺旋凸棱刃端和导板入口的刃端需要镶嵌硬质合金镶块,或者用耐磨性金属进行喷涂或堆焊,从而提高使用寿命。

3.5.3.3　钢球的尺寸精度

钢球轧机的轧制质量很高,钢球的尺寸精度和强度指标与模锻钢球相当。轧制钢球的尺寸精度如表3-6所示。如果有必要,在提高钢球轧机的刚度和制造精度的前提下,可以进一步改善钢球的尺寸精度。

表 3-6　轧制钢球的尺寸精度(mm)

轧辊类型	检测方位	正球度均值	尺寸平均值
A	坯料轴向直径	0.05	20.08
	坯料垂直直径	0.20	19.96
B	坯料轴向直径	0.03	18.59
	坯料垂直直径	0.06	18.44
C	坯料轴向直径	0.05	16.99
	坯料垂直直径	0.09	17.14

钢球轧制的整个过程实现了机械化和自动化,因而有很高的生产率,两台 40～80 mm 和 60～125 mm 钢球轧机的年产量可以达到 15 万 t。

3.6 钻头轧机

采用热轧方法生产麻花钻头是由德国洛德(Load)公司开始的。麻花钻头的轧制成形原理如图 3-14 所示。高速钢坯料经过高频加热到 1050～1100℃,由轴线互相交叉的 4 个扇形板(轧辊)、两个轧钻沟和两个轧背刃,轧制出钻头的螺旋钻沟,扇形板旋转一周轧制出一根钻头。这种方法具有生产率高、减少材料消耗、产品形状精度高等优点。此外,由于轧制钻头成形流畅,钻削流畅,工作效率要比切削加工的钻头高。

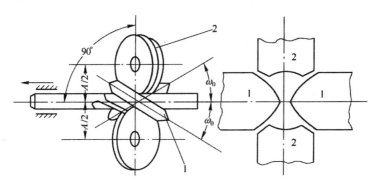

图 3-14 麻花钻头的轧制成形原理
1—钻沟扇形板;2—背刃扇形板

斜轧麻花钻头的材料利用率可达 90%,而且金属纤维连续,晶粒细化,碳化物分布均匀,红硬性高。钻头轧机的轧辊(扇形板)一般采用硬质合金制造,使用寿命为 3～15 万件;刃背的扇形板可以使用高速钢制造,寿命为 1～2 万件。

钻头轧机的构成与传动机构如图 3-15 和图 3-16 所示。轧机由机身、后座、轧制头、传动系统、料斗和送料装置组成。工件的加热采用 30 kW 高频加热装置。

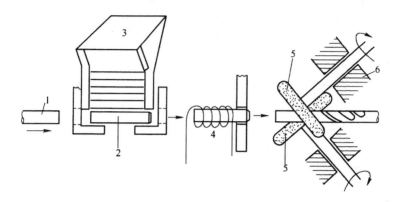

图 3-15　钻头轧机构成示意图

1—推杆;2—坯料;3—料斗;4—高频感应加热器;5—扇形板(轧辊);6—机头

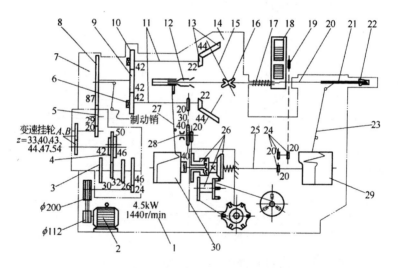

图 3-16　钻头轧机传动机构简图

1—机身;2—主电机;3、5、6、8、10—齿轮;4—移动齿轮;7—后座;9—中央齿轮;

11、28—轴;12—接料活动套管;13—锥齿轮;14—铸铁轧制头;

15—扇形板(轧辊)轴;16—扇形板(轧辊);17—高频感应加热器;18—料斗;

19、24—链轮;20—推杆;21—导向装置;22—弹性保险装置;23、27—摆杆;

25—分配轴;26—间歇机构;29—进料凸轮;30—出料凸轮

　　传动系统包括 4.5 kW 的主电机、三角皮带轮和变速箱。通过移动变速箱内的中间齿轮和箱外的挂轮变换使主传动轴得到不同的转速,同时利用齿轮 5 与后座 7 上的齿轮 8 啮合,再通过后座 7 上的中央齿轮 9 将扭矩分配到周围的 4 个对称设置的齿轮 10 和轴 11、锥齿轮 13,最后将运动传递给 4 根扇形板(轧辊)轴上,使其能够连续不断地同步旋转。

　　扇形板(轧辊)轴安装在刚性较好的铸铁轧制头 14 上,在轧制过程中,通过安装在轴 11 和轴 28 上的一组链轮和一套由马氏轮组成的间歇机构 26 实现机身 1 上的分配轴 25 的间歇运动。更换轴 28 上的链轮,可以得到不同周期的间歇运动,从而使送料周期能够适应不同的轧制节奏。进料凸轮 29 通过摆杆 23 控制带有弹性保险装置 22 的推杆 20,沿导向装置 21 进行送料。出料凸轮 30 通过摆杆 27 控制装在铸铁轧制头 14 中心孔内的接料活动套管 12,将轧制好的钻头推出轧机。

　　接料活动套管 12 的中心与 4 块扇形块构成的轧制孔型中心重合。通过分配轴 25 及一组链轮 24、链轮 19 将运动传给安装在轧机右上方料斗上的拨料轮,以防止坯料在料斗中滚下时形成拱形而被卡住。

　　整个的轧制过程是:先将坯料整齐地排列在轧机的料斗 18 中,推杆 20 按照一定的时间周期将坯料从料斗内推入高频感应加热器 17 中,加热到轧制温度后,再由推杆将坯料推至铸铁轧制头 14 中的轧制位置,然后,推杆退回原位,作下次循环。当坯料走过等于钻头柄部的长度时,扇形板转到轧制位置,开始轧制。当轧制完毕时,已进入接料活动套管 12 的钻头随同接料活动套管一起向前移动,由撞杆将钻头顶出接料活动套管,并沿后座与轧制头之间的滑道滑入集料箱中。至此,一个轧制循环结束。

　　钻头轧机主要用于生产 6～12 mm 的中小规格的钻头,设备的主要技术参数见表 3-7。

表 3-7　钻头轧机的主要技术参数

项　目		数　据
扇形板主轴调整	中心距/mm	125
	安装角/(°)	30
	径向调整量/mm	±2
	轴向调整量/mm	±2.5
	圆周方向转动调整量/(°)	360
主轴转速/r·min^{-1}		10~54
电机功率/kW		4.5

3.7　翅片管轧机

　　翅片管内外表面积大,热交换性能好,所以主要作为热交换管使用。其生产方法有条料缠绕螺旋翅片、挤压或拉拔纵翅片和热轧螺旋翅片等方法。轧制的翅片管具有内外表面积大、耐振动、耐高温、耐腐蚀等优点。由于翅部和管部的金属是连续的,没有接触热阻抗,性能稳定,所以轧制翅片管有很好的应用前景。

　　按内外面积比,轧制的翅片管可以分为两类,即面积比为 3~5 的低翅片管和 10~20 的高翅片管(高羽翎管)。前者主要用于液体的热交换,例如冷冻机的冷凝器;后者用于气体与液体之间的热交换,例如加热炉中的换热器、余热回收装置等。

　　翅片管的材料可根据其用途确定,如以热交换为主要用途,则采用铜、铝及其合金,若主要考虑耐腐蚀,则使用铜镍合金、不锈钢等材料。轧制高翅片管应采用塑性好的材料,如无氧铜、铝和铜镍合金等。不锈钢、结构钢一般只能生产低翅片管,轧制高翅片管的成品率很低,价格十分昂贵。

　　轧制翅片管的结构如图 3-17 所示。

　　翅片管的轧制方法与螺纹轧制类似,其轧制过程如图 3-18 所示,坯料套在内管上,将芯筒套在芯棒上,然后两者穿在一起送入轧机轧制。如果在轧制结束时将翅片管与内管紧固在一起,则成为双层翅片管。

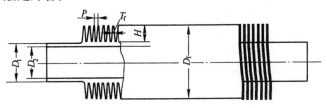

图 3-17　翅片管的结构

D_f—翅片外径；D_1—翅片管外径；D_2—翅片管内径；P—螺距；

H—翅片高度；T_f—翅片中径厚度

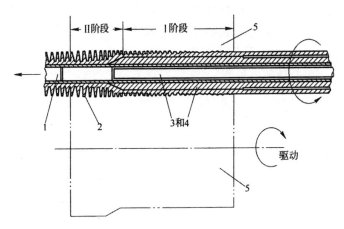

图 3-18　双层翅片管的轧制过程

Ⅰ—咬入阶段；Ⅱ—翅片管成形阶段；

1—内管；2—翅片管；3—芯棒；4—芯筒；5—轧辊

　　翅片管的专用生产设备一般为类似钢管轧机的三辊斜轧机，轧辊结构如图 3-19 所示。可以采用由若干圆片组成的组合式轧辊，或者使用整体的带槽轧辊。轧辊孔型可以是环形，也可以是螺旋形。轧辊的外径随轧制的进行逐渐增大。轧制低翅片管，采用十余片辊片，而轧制高翅片管时需要 50～130 片，因此对辊片厚度精度要求很高。由于轧制过程变形复杂，工具的工作条件严酷，所以轧辊材料应采用耐高温的镍铬合金。

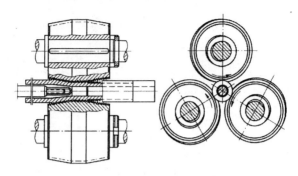

图 3-19　翅片管轧机的轧辊结构

　　翅片管轧机的工作机座如图 3-20 所示,轧辊座安装在杠杆上,3 个轧辊之间用拉杆铰接,以保证同步压下和抬起。拉杆上有一偏心套,用以调节轧辊之间的中心距。轧辊的压下调整是由液压缸通过杠杆机构实现的。

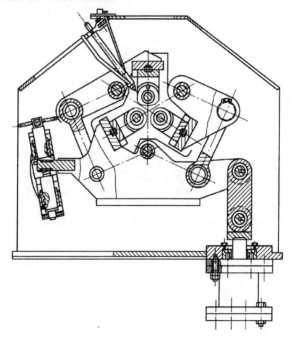

图 3-20　高翅片管轧机工作机座

轧辊由电动机通过齿轮机座、万向接轴传动,3 个轧辊同向转动,有一个相同的送进角,送进角即为翅片管的导程角。轧制采用固定芯棒,对于厚壁翅片管,可以不用芯棒轧制。此外可以采用轧辊公转的轧制方式,工件只做轴向送进,这种行星式高翅片管轧机用来生产特长的翅片管。

目前,翅片管轧机已经较为成熟,具有较高的自动化程度和很高的生产率。根据轧制零件的特点,翅片管轧机可以分为:轧制铜、铝的高翅片管轧机,轧件内径为 12～20 mm,长度为 5 m;轧制钢、铜和铝的低翅片管轧机,轧件直径为 20～40 mm;行星式高翅片管轧机,轧件内径为 6～8 mm。

图 3-21 是高翅片管轧机的设备组成示意图,图 3-22 是轧制钢、铜和铝的低翅片管轧机的设备组成示意图。

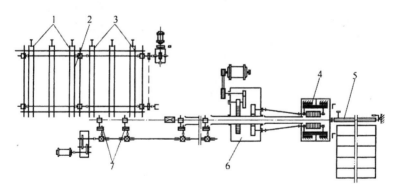

图 3-21 高翅片管轧机的设备组成示意图
1—固定齿条;2—装料台架;3—传动齿条;4—轧机;
5—受料台架;6—联合减速箱;7—输出辊道

翅片管轧机的技术参数见表 3-8。

表 3-8 翅片管轧机的主要技术参数

项 目	高翅片管轧机	低翅片管轧机	行星式高翅片管轧机
坯料直径/mm	15～32	8～13	20～40
坯料壁厚/mm	3.5～6.0	1.5～2.5	2～4

续表 3-8

项　　目	高翅片管轧机	低翅片管轧机	行星式高翅片管轧机
轧件底径/mm	13~25	6~10	16~36
轧件壁厚/mm	1.5~2.5	0.5~1.5	1.5~2.5
螺距/mm	2.5~5.0	1.5~2.5	
翅棱高/mm	6~12	2.5~4.0	
轧件长度/mm	1500~5000		1500~6000
生产率/m·h⁻¹	60~120	20~30	90~150
设备质量/t	9.4	2.5	6.5

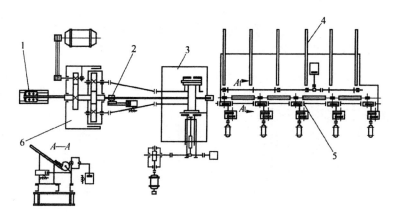

图 3-22　低翅片管轧机的设备组成示意图
1—芯棒推杆;2—推料机构;3—轧机;4—受料台;
5—送料辊道;6—齿轮机座

参 考 文 献

1　日本塑性加工学会.压力加工手册.江国屏等译.北京:机械工业出版社,1984

2　张庆生.螺旋孔型斜轧工艺.北京:机械工业出版社,1985

3　机械工业部机械研究院.国外压力加工概况及其发展趋势.1973(内部资料)

4　机械工业部机械研究院.金属压力加工.1973(内部资料)

5　李培武.塑性成形设备.北京:机械工业出版社,1995

6　中国机械工程学会锻压学会.锻压手册.北京:机械工业出版社,1993

7　CHITKARA N R. BOLL ROLLING: A LITERATURE SURVEY AND SOME
　　EXPERIMENTAL RESULTS NewYork: Proceedings of the Fifteenth International
　　MACHINE TOOL DESIGN AND RESEARCH Conference 1974

8　乔沙林.斜轧球类件轧辊的孔型优化设计.金属成形工艺,1996(6)

9　杨晓明.斜轧方法生产圆弧齿轮坯分析.金属成形工艺,1995(2)

10　胡亚民.回转塑性成形技术的应用.锻压机械,1996(6)

11　王廷溥.轧钢工艺学.北京:冶金工业出版社,1980

12　胡正寰.斜轧与楔横轧.北京:冶金工业出版社,1985

13　《锻工手册》编写组.锻工手册(第七分册).北京:机械工业出版社,1975

14　《机械工程手册 电机工程手册》编辑委员会.机械工程手册(第七分册).北京:机械
　　工业出版社,1982

15　采利柯夫.机器制造中的横轧.天津大学机械制造系压力加工教研室译.北京:中
　　国工业出版社,1964

4　楔横轧设备

4.1　概述

　　楔横轧在日本称为回转锻造。在19世纪楔横轧的生产方法就被提出来,人们希望用该方法加工阶梯轴类零件。从20世纪60年代开始,这一技术首先由捷克用于生产,随后英国、日本、苏联及中国等都引进了该项技术。随着工业的发展和技术进步,楔横轧技术逐渐发展成熟,成为加工阶梯形轴类机械零件的主要生产方法。目前,世界上最大的三辊楔横轧机为 $\phi 1060$ mm 轧机,可加工零件尺寸为 $\phi 100$ mm×700 mm,生产效率为6～10件/min。

　　我国的楔横轧技术从20世纪70年代初开始应用,各种形式的楔横轧机都有使用。目前,国内拥有60多台楔横轧机,其中以二辊分体式楔横轧机的数量最多,其最大轧辊直径为 $\phi 1200$ mm。

　　楔横轧技术可以用于热轧,也可以用于冷轧。与锻造比较,生产率提高4倍以上;材料利用率大于90%;轧辊寿命高达40000～120000件;可以生产上百种轴类零件;加工工件的直径可以从几毫米到100 mm以上,长度可达630 mm以上。由于楔横轧工艺具有产品质量好、生产效率高、少切屑、无切屑的特点,因此已经成为大批量轴类零件生产中重要的加工方式,广泛应用于汽车、拖拉机、摩托车和五金工具行业中各种台阶轴、连杆、球头销和扳手等零件的生产。

　　楔横轧工作原理如图4-1所示,在两个或三个平行布置(无送进角,工件轴向不前进)的轧辊或平板上安装凸起的楔形变形工具,轧辊或平板相对轧件转动或搓动,所产生的摩擦力使轧件转动。

　　其间,变形楔楔入轧件中,使其受到连续压缩变形,轧件的直径减小,长度增加,形成所要求的零件形状。轧辊每旋转一周,轧出一件产品,因此生产效率很高。其生产方式可以是单件生产,也

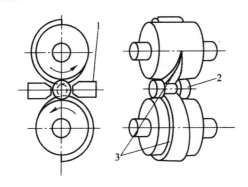

图 4-1　楔横轧工作原理示意图
1—导板；2—轧件；3—带楔形模的轧辊

可以是连续生产。连续生产的过程中，轧件根据轧辊的回转节奏做轴向送进，轧出的轧件由剪切机剪断后送入料仓。由于楔横轧生产的产品精度由楔形工具来保证，受工艺和人为因素的影响很小，所以，只要楔形工具的型面设计合理，即能够保证生产出高精度的产品。

楔横轧技术的特点主要有：

（1）能直接生产形状复杂、尺寸精确的阶梯轴类产品，并且可以轧制出纵向沟槽、花键等；

（2）金属消耗低，仅为 2%～5%，在一些情况下材料利用率接近 100%；

（3）产品质量好，由于金属流线连续，提高了零件的综合力学性能；

（4）生产效率高，一般轧制周期为 3～25 s，小时产量能达到 100～1000 件；

（5）工具寿命长，由于轧件与轧辊相对滚动，磨损量小，加之变形力小，所以工具寿命得以延长，一套工具可以生产 5～10 万件产品；

（6）轧机结构简单，能量消耗少，生产成本低，经济效益好；

（7）轧制过程平稳，设备冲击振动小，劳动环境好；

（8）易于连续化、自动化生产。

与其他特种轧制过程相比，楔横轧技术的短处是轧机的模具加工困难，因为工具形状复杂，易变形。通常采取的方法是将模具分割成扇形块加工，然后采用表面强化方法来提高模具寿命。此外，模具的设计和轧机的调整试轧也较为复杂，因此楔横轧技术主要适用于大批量机械零件的生产。

4.2　楔横轧机的形式与技术参数

楔横轧机的类型可以根据楔形工具的形式和设备总体布置形式来划分。

4.2.1　按工具形式分类

如图 4-2 所示，楔横轧机按照工具形式分为辊式、平板式和单辊弧形板式 3 种类型，其中辊式楔横轧机又有二辊和三辊两种。

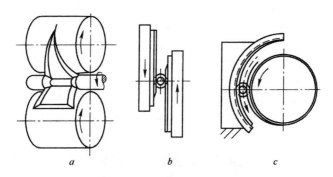

图 4-2　楔横轧机的主要类型
a—辊式；b—平板式；c—单辊弧形板式

各种形式的楔横轧机有不同的优缺点及相应的适用范围，主要在以下几个方面综合评价其特点：

（1）生产效率方面，辊式和单辊弧形板式楔横轧机的生产效率高于板式楔横轧机。由于板式楔横轧机的工具是往复运动，当轧机的速度过快时惯性负荷过大，因而轧制速度（频率）受到限制。

（2）轧机调整方面，在试轧过程中，轧机调整是十分重要的。辊式楔横轧机的调整方便、准确，而其他两类轧机的调整较为困难，单辊弧形板式楔横轧机的调整最为困难。

（3）模具加工方面，对于较短工件，辊式模具加工较为容易，而对于较长的工件，板式模具易于加工，单辊弧形板式的模具加工最为困难。

（4）设备结构方面，从轧机设备的结构角度比较，单辊弧形板式楔横轧机最为简单，因为只需要一个轧辊，这样，可以省去齿轮分配箱。其次为板式楔横轧机，板式轧机若采用液压传动，则结构可以大为简化，占地面积也小。辊式楔横轧机的机构最为复杂，其结构与二辊轧机相同。

（5）导板安装方面，二辊轧机易于安装导板，其他两种形式不能，因此轧制过程不易稳定，轧制精度不易保证。但是，从轧件与轧辊之间的速度差比较，辊式轧机最大，板式轧机次之，单辊弧形板式轧机最小。

由于辊式楔横轧机具有结构简单、紧凑、操作使用方便等优点，因此发展较为成熟。辊式楔横轧机又分为二辊和三辊两种类型。与三辊楔横轧机相比，二辊楔横轧机上下料方便，设备简单，生产效率高，但是，与钢管斜轧过程类似，由于轧制过程中存在曼内斯曼效应，工件心部的金属容易产生组织疏松，因此这种轧机适于生产直径较小的轴类零件。而三辊楔横轧机则适用于难变形金属、重要的以及大直径的轴类零件的轧制。

4.2.2 按设备布置形式分类

辊式楔横轧机除了有二辊和三辊两种类型外，还可以根据机架形式、传动装置的布置和辊系的设置形式来分类。

按照设备的总体布置，辊式楔横轧机有分体式和整体（机床）式两种类型。

4.2.2.1 分体式楔横轧机

分体式楔横轧机的工作机座与传动部分分开设置，有的结构形式与穿孔机类似,其主要优点是:机架强度高,刚性大,使用可靠以及调整维护方便;缺点是轧机机座、万向接轴、齿轮机座以及电动机分开布置,设备质量大,占地面积多,车间的设备布置较为困难。

分体式楔横轧机适用于生产尺寸大、精度要求不高的工件,如需要进一步机加工的轴类零件坯料。图 4-3 所示的是二辊分体式楔横轧机,该设备的主要技术参数如下:

轧辊直径/mm	450～520
轧辊转速/r·min^{-1}	7.5,10,15
轧件直径/mm	10～30
轧件长度/mm	≤450
轧制力/kN	150
最大扭矩/kN·m	60
电机功率/kW	30
电机转速/r·min^{-1}	1450
轧机质量/t	5

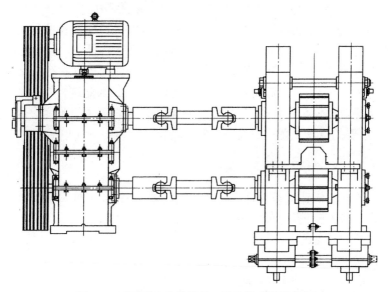

图 4-3 采用联合齿轮箱的二辊分体式楔横轧机

该设备将电动机安装在齿轮机座上面,减少了占地面积。由于楔横轧机的轧制速度低,电机功率较小,所以可以这样布置。为了进一步减轻轧机质量,节省占地,该设备将减速机和齿轮箱合在一起。但是这种联合减速箱的设计制造要复杂一些,由于不能选用标准减速器,因此设备的造价并没有节省。

4.2.2.2 整体式楔横轧机

整体式楔横轧机将传动系统,包括电动机、减速器、齿轮箱和工作部分都设置在一个机座上,因此设备结构紧凑,占地面积小,轧制精度高,适用于生产小尺寸、高精度的轴类机械零件。

图4-4是一台UL-35型整体式楔横轧机的工作原理图。长棒料毛坯1被放在受料台架2上,每次一根送给送料辊道3,然后定时地送往感应加热器4中进行加热,控制机构5与6将坯料送到定尺台架上。坯料到位后,离合器8闭合,轧辊开始转动进行轧制。轧辊每转一圈轧出一个或一对产品。下料则是从下轧辊的侧面把轧好的轧件抛入集料箱内。轧辊转完一圈后,离合器8打开,轧辊停止转动,完成一个轧制循环。

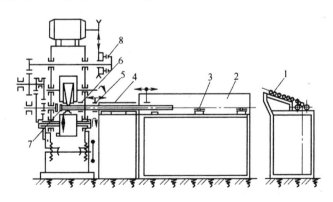

图4-4 UL-35型整体式楔横轧机工作原理示意图
1—长棒料毛坯;2—受料台架;3—送料辊道;4—感应加热器;
5、6—控制机构;7—导板装置;8—离合器

UL-35型整体式楔横轧机的主要技术参数如下:

轧辊中心距/mm	600
轧辊转速/r·min^{-1}	10,11,13,15
棒料直径/mm	14~40
棒料长度/mm	2500~4000
轧件最大长度/mm	320
轧件最大直径/mm	40
电机功率/kW	55
轧机质量/t	9.4

表 4-1 和表 4-2 给出了平板式和单辊弧形板式两种楔横轧机的主要技术特性。

表 4-1　德国平板式楔横轧机的主要技术特性

机 型 型 号	UWQ40	UWQ80	UWQ100
轧件最大直径/mm	40	80	100
轧件最大长度/mm	400	630	630
轧板工作行程/mm	1600	2500	2500
轧板最大移动速度/mm·s^{-1}	350	180	180
轧板宽度/mm	520	800	800
轧板长度/mm	1700	2700	2700
活塞最大推力/kN	12.5	32	32
设备质量/t	11.5	60	60

表 4-2　前苏联单辊弧形板式楔横轧机的主要技术特性

机 型 型 号	C3136	C3138	C3139
轧件最大直径/mm	25	50	80
轧件最大长度/mm	250	400	550
最大生产率/件·h^{-1}	1800	960	720
轧辊名义直径/mm	400	630	800
电动机功率/kW		58	100
轧辊转速/r·min^{-1}		32,25	25
轧制力/kN	10	25	63
设备质量/t	4.8	9.5	18.5

4.3　楔横轧机的结构

楔横轧机的主要构成包括主机座、轧辊调整机构、主传动、送料装置和电控系统。二辊楔横轧机的工作机座如图4-5所示。

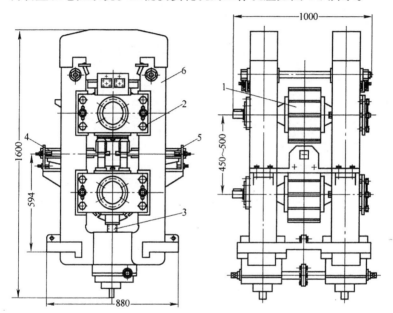

图 4-5　二辊楔横轧机的工作机座

1—轧辊辊系；2—轧辊轴向调整机构；3—轧辊径向调整机构；

4、5—导板装置；6—机架部件

4.3.1　主机座

主机座由左、右机架，上、下轧辊和轧机底座与连杆组成。机架通常为焊接闭式结构，大型楔横轧机的机架则采用铸钢件。机架的结构形式有闭式、开式和侧开式等，如图4-6所示。

为了在轧制时保持工件的轴线位置不变，机器上设置了径向挡料装置。挡料装置由安装在挡料座上的挡料板及其压板、销轴和调整螺栓组成。挡料板的位置可以前后调整，以保证轧制时挡料板与工件有合适的间隙。

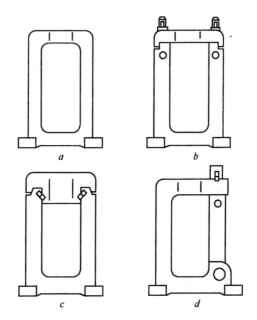

图 4-6　机架的结构形式

a—闭式机架；*b*—拉杆连接的开式机架；
c—斜楔连接的开式机架；*d*—侧开式机架

4.3.2　轧辊

轧辊安装在轴承座内，上、下轴承座之间用弹簧或液压缸分开，实现上轧辊的平衡。楔横轧机的轧辊工作条件十分恶劣，承受较高的轧制压力和轧制温度，又由于轧辊的直径差较大，因此轧辊的磨损亦很强烈，所以要求轧辊材料应有较高的硬度和强度。

常用的轧辊材料有：

热轧时用的：35CrMnSi、5CrNiMo、5CrNiMo、3Cr2W8V；

冷轧时用的：9CrSi、Cr12MoV、W18Cr4V；

热精轧时用的：W6Mo5Cr4V2Al、5W2Cr4V2。

楔横轧机多采用辊套式轧辊，将加工好的轧辊装上楔形模后装在轧辊轴上。楔横轧机的轧辊是分块装配式的。这样模块可以加工得小一些,利于加工和安装,模具损坏后易于局部更换和修补。模具的安装可以采用压板将模板固定在轧辊上的方式,如图 4-7 所示,亦可以采用图 4-8 所示的用方头螺栓在轧辊径向固定的方式。

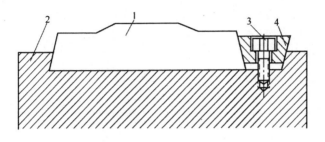

图 4-7 用压板固定模板

1—模板;2—轧辊;3—螺钉;4—压板

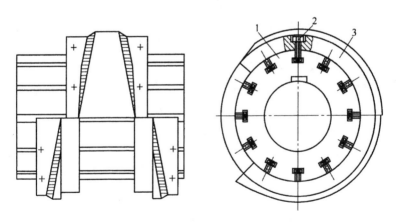

图 4-8 用方头螺栓固定模板

1—轧辊;2—螺钉;3—模板

4.3.3 轧辊轴承

楔横轧机的轧辊轴承承受的单位压力较大,这是因为轧辊的中心距相对于轧辊辊径较小,安装轴承的空间有限。由于楔横轧机的冲击载荷较大,所以多采用双列圆锥或圆柱滚子轴承。轧辊的装配方式如图 4-9 所示。

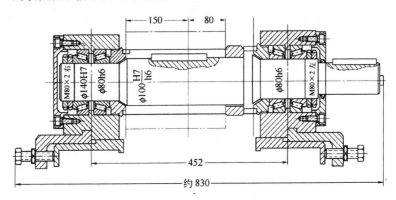

图 4-9　轧辊装配方式示意图

4.3.4　轧辊轴向调整机构

　　为了保证两个轧辊型模的轴向位置对中,楔横轧机的轧辊应该能够方便地进行调整,即使单孔型轧制也应该设置轴向调整机构。楔横轧机的轴向调整机构与普通二辊轧机的类似,主要有压板式、杠杆式、顶丝式、滑块式、拉杆式等调整机构。图 4-10 和图 4-11 所示的分别为顶丝式和 C 形压板式的轴向调整机构,其他形式的轴向调整机构可参见第 3 章螺旋孔型轧机和第 6 章辊锻设备的有关内容。

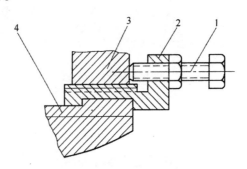

图 4-10　顶丝式轴向调整机构
1—调整螺钉;2—滑板;3—轴承盒;4—转鼓

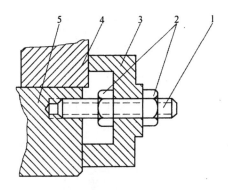

图 4-11　C 形压板式轴向调整机构

1—固定螺钉;2—调整螺母;3—C 形压板;4—轴承盒;5—转鼓

4.3.5　轧辊径向调整机构

与普通轧钢机的压下装置类似,楔横轧机也需要设置轧辊径向调整机构,用以调整上下轧辊的辊缝。轧辊径向调整机构可以采用手动或电动两种方式经过蜗轮蜗杆机构进行操作。轧辊的平衡则采用弹簧来实现。轧辊辊缝的调节也可以通过改变模具的厚度来实现,以调整工件的轧制直径。对于轧辊调整量较小且动作不频繁的楔横轧机多采用手动调整方式。

4.3.6　传动系统

机床式楔横轧机的主传动系统由主电机、皮带轮、离合器与制动器和齿轮箱组成。

由于楔横轧机承受的冲击载荷较大,采用皮带传动对电机有一定的保护作用。离合器与制动器采用组合形式,以保证轧辊停在准确位置。图 4-12 是楔横轧机的皮带轮与离合器装置示意图。

齿轮箱用于将扭矩分配到两个轧辊上。为了减小设备质量,可以采用联合减速箱(图 4-13),箱体通常为分体式焊接结构。

此外,为了保证上、下轧辊的模具位置对称,在传动机构中需要设置轧辊相位(角度)调整机构。通常,相位调整机构设置在接手上,图 4-14 是整体式楔横轧机的相位调整装置。当主动齿轮带

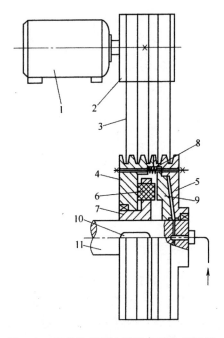

图 4-12   楔横轧机的皮带轮与离合器装置

1—电动机;2—小皮带轮;3—皮带;4—大皮带轮(左);5—大皮带轮(右);

6—摩擦片;7—左离合器;8—弹簧;9—右离合器;10—键;11—传动轴

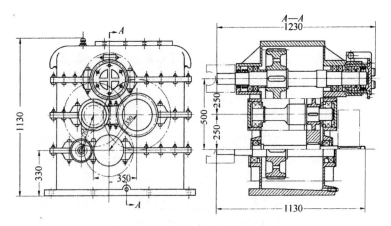

图 4-13   楔横轧机的联合减速箱

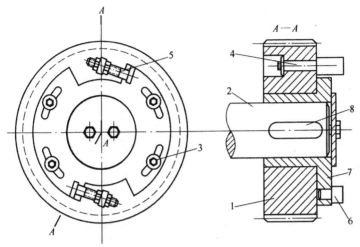

图 4-14　整体式楔横轧机的相位调整机构
1—从动齿轮;2—轧辊轴;3—压紧螺栓;4—长销轴;
5—螺杆;6—短销轴;7—衬套;8—轴键

动从动齿轮 1 转动时,通过压紧螺栓 3 产生的摩擦力以及固定在齿轮上的两个长销轴 4、螺杆 5 和短销轴 6 将力矩传递给衬套 7,进而通过轴键 8 转动轧辊轴 2。当需要调整相位角时,松开 4 个压紧螺栓,调节螺杆 5 上的螺母,使衬套 7 相对于从动齿轮 1 转动,从而实现轧辊相位调整。

图 4-15 是在齿形联轴节上安装的相位调整机构,当需要调整相位时,转动丝杠 1 带动螺母滑块 2 向左移动,使右齿套的内、外齿套脱开,而左齿套仍在啮合。这样,可以实现单辊转动,相位调整好后,再恢复原位。

图 4-16 是安装在齿轮座上的分体式楔横轧机的相位调整机构。

4.3.7　送料装置

送料装置有两种形式:一种为单汽缸式,工件从加热炉出炉后,顺滑道进入送料支架,由汽缸推入轧模;另一种为双汽缸式,由汽缸、辊道和减速器组成,工件出炉后由辊道送进,经前汽缸推至送料支架,再由后送料汽缸推入轧模。

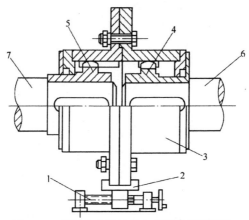

图 4-15 安装在主联轴节上的相位调整机构

1—丝杠;2—螺母滑块;3—内齿套;4—右外齿套;5—左外齿套;6—主动轴;7—从动轴

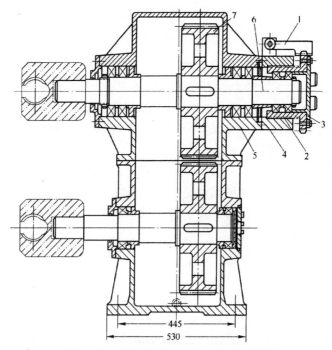

图 4-16 分体式楔横轧机的相位调整机构

1—防松杆;2—带外齿和外螺纹的衬套;3—带十字缺口的端盖;
4—带内螺纹的衬套;5—齿轮座箱体;6—齿轮轴;7—斜齿轮

4.3.8　电控系统

由于楔横轧机是单件生产,且需要经常试轧,电控系统应保证轧辊的点动、单周、自动单周和连续运转的要求。点动用于模具的安装调整;自动单周用于单件的自动轧制,并与送料机构连锁。目前,楔横轧机大多采用 PC 控制,具备了较高的可靠性。

4.4　应用实例

目前,楔横轧技术的生产应用已经从单机生产发展为机械零件的综合生产线,从而显著提高了产品产量和质量。例如,济南铸造锻压机械研究所利用 D47 型平板式楔横轧机组建汽车连杆、转向节精密锻造生产线。其核心设备包括程控消振电液模锻锤、平板式楔横轧机、热切边热校正双功能复合模具、成套锻造软件技术及连线技术。该生产线与进口的先进成套技术相比水平相当,某些性能及水平还有所提高。该线采用了新工艺、新设备、新模具,如采用楔横轧制坯,一模两件,效率高,毛坯精化,节材率高;主要设备从原理、结构、性能控制等方面都具有先进性,装机功率低(国外 55 kW,该机 30 kW),且消振;双功能复合模具简化了工艺,减少一台设备投资,提高了锻件质量。该线年生产能力为 80 万件,锻件重量误差 ±5%,节材 10%~25%,生产率提高 1 倍。

表 4-3 和表 4-4 分别列出了该所研制的 D46 型辊式楔横轧机和 D47 型平板式楔横轧机的主要技术参数。

表 4-3　D46 型辊式楔横轧机的主要技术参数

技术规格	D46-400	D46-500	D46-630	D46-800	D46-1000
轧辊中心距/mm	400	500	630	800	1000
轧辊直径×长度 /mm×mm	320×400	400×500	500×700	630×800	780×900
工件最大直径×长度 /mm×mm	25×300	35×400	50×550	80×650	100×750
中心距调节量/mm	±10	±12	±15	±20	±30

续表 4-3

技术规格		D46-400	D46-500	D46-630	D46-800	D46-1000
轧辊连续转速/r·min⁻¹		14~16~18	14~16	12~14	10~12	6~8
主电机功率/kW		15	22	30	75	100
外形尺寸	长/mm		1950	2282	2945	3420
	宽/mm		1556	1850	2420	2828
	高/mm		1900	2100	2630	3075
机器质量/kg			1000	16000	25000	40000

表 4-4　D47 型平板式楔横轧机的主要技术参数

技术规格		16×200	20×250	25×300	32×350	100×650
坯料最大直径/mm		16	20	25	32	100
轧辊直径×长度/mm×mm		320×400	400×500	500×700	630×800	780×900
工件最大直径×长度/mm×mm		25×300	35×400	50×550	80×650	100×750
中心距调节量/mm		±10	±12	±15	±20	±30
轧辊连续转速/r·min⁻¹		14~16~18	14~16	12~14	10~12	6~8
主电机功率/kW		15	22	30	75	100
外形尺寸	长/mm	1950	2282	2945	3420	
	宽/mm	1556	1850	2420	2828	
	高/mm	1900	2100	2630	3075	
机器质量/kg		1000	16000	25000	40000	

又如,北京机电研究所研制开发的一体式整体结构的系列楔横轧机,设备的主要特点是:采用气动摩擦离合器和制动器,操作灵活可靠;利用偏心齿轮调节轧辊中心距,调整简单方便;模具相位角调整简便可行;采用 PC 机控制,具有计数和故障显示系统;可与其他锻压设备组成复合工艺和生产线,用于机械零件的精密成形和回转形加工。

参 考 文 献

1　日本塑性加工学会.压力加工手册.江国屏等译.北京:机械工业出版社,1984

2　王廷溥.轧钢工艺学.北京:冶金工业出版社,1980

3　胡正寰.斜轧与楔横轧.北京:冶金工业出版社,1985

4　宋明正.卧式平板楔横轧机.锻压机械,2000

5　林法禹.特种锻压工艺.北京:机械工业出版社,1991

6　机械工业部机械研究院.国外压力加工概况及其发展趋势.1973(内部资料)

7　机械工业部机械研究院.金属压力加工.1973(内部资料)

8　李培武.塑性成形设备.北京:机械工业出版社,1995

9　中国机械工程学会锻压学会.锻压手册.北京:机械工业出版社,1993

10　《锻压技术手册》编委会.锻压技术手册.北京:国防工业出版社,1989

11　郭长武.楔横轧——成形轴类件新工艺.金属成形工艺,1996(3)

12　曹诗倬.钢窗手柄冷楔横轧工艺.金属成形工艺,1996(1)

13　权修华.冷楔横轧工艺试验研究.锻压机械,1996(4)

14　胡亚民.回转塑性成形技术的应用.锻压机械,1996(6)

15　沈瑞宏.链同步平板式楔横轧机.锻压机械,1997(1)

16　Altan T.现代锻造——设备、材料和工艺.陆索译.北京:国防工业出版社,1982

17　《锻工手册》编写组.锻工手册(第七分册).北京:机械工业出版社,1975

18　《机械工程手册 电机工程手册》编辑委员会.机械工程手册(第七分册).北京:机械工业出版社,1982

19　王运赣.锻压设备的计算机控制.武汉:华中理工大学出版社,1988

20　万胜狄.锻造机械与自动化.北京:机械工业出版社,1983

21　姜军生.楔横轧模具的安装与调试.锻压技术,2002(2)

5 盘环件轧制设备

5.1 概述

盘环件轧制是生产无缝环件的主要方法,盘环件轧制设备可以根据环件的形式和用途,分别称为轧环机(轧轴承环、套、盘类环件等)、车轮轧机和齿轮轧机等。盘环件轧制设备的用途很多,像轴承环、齿圈、轮毂、回转轴承、法兰、航空器用环形部件、阀体、核反应堆部件等,都可以采用盘环件轧制方法生产。可轧制环件的金属种类众多,如碳素钢、低合金钢、工具钢、不锈钢、耐热合金、高强度和抗高温镍合金、钛合金、铝合金及其他一些非铁合金等。

通过改变轧辊形状及生产工艺,可以生产出多种横断面形状的盘环件。横断面形状为矩形的环件叫矩形断面环件,沿横断面周边上任一点所做切线交于断面之中的环件为异形断面环件,如图 5-1 所示。

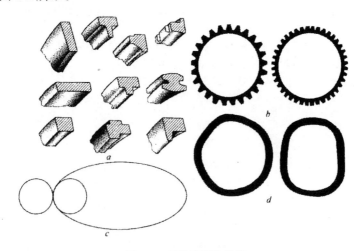

图 5-1 环件截面的种类

a—典型截面;b—齿轮;c—铜带;d—不规则环件

轧制盘环件的尺寸范围较大,外径在 75~8000 mm、高度在 15~2 mm、质量在 0.4~82000 kg 范围内的盘环件都可以采用轧制方法生产。其中,大约 90% 的环件尺寸范围为:外径 240~980 m,高度 70~210 mm,壁厚 16~48 mm。经过改造的轧机还可以轧制壁厚与高度比为 16:1 的盘类环件,以及高度与壁厚比为 16:1 的筒类环件。

环件轧制成形是一个逐步变形的过程。在轧制过程中,金属的晶粒排列逐步与环件的周线一致,因此得到的周向纤维致密均匀,而且在与环件横截面的外轮廓一直保持平行的状态下,沿周线扩展,最后形成与要求形状相接近的晶粒连接体,即环件。以该种成形方式得到的环件产品还可防止表面裂纹的产生。此外,由于轧环的生产具有效率高、尺寸精确,尤其是能显著降低材料消耗(一般材料利用率可达到 90%)等许多的优点,所以轧环机得到了广泛的应用。

通常的环件轧制工艺是在生产开始时,将圆钢锯切或剪切成所需体积的钢坯,加热后用锻锤(压力机)拍扁,然后冲孔,再放置于轧环机上进行轧制。随着轧制过程中芯辊朝主轧辊方向的进给运动,毛坯壁厚减小,环件沿周向延伸,径向尺寸最终扩大到所需尺寸。图5-2 是环件变形过程示意图。在工件的轴向(主轧辊对面)再布置一组轧辊,对工件施加轴

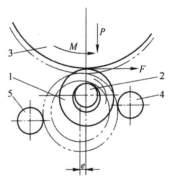

图 5-2　环件变形过程
1—工件;2—芯辊;3—主轧辊;
4—导向辊;5—测量辊

向变形,控制环件的高度,协调轧辊和被轧环件的速度差,这种轧制方式为径向-轴向轧环过程,如图 5-3 所示。

环件轧制与板带生产过程相比起步较晚,自 19 世纪火车车轮的大量使用才开始了轧环生产过程。1842 年英国人保曼(Bodmer)

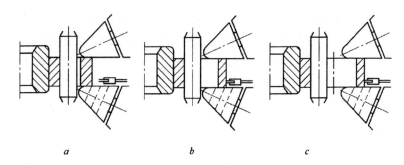

图 5-3　径向-轴向轧环过程
a—轧制开始；b—随动开始；c—轧制结束

为曼彻斯特一家公司设计出第一台轧环机。1849 年由德国的
Alfred Krupp 率先试验火车车轮轧制生产，1853～1854 年制造出
由他设计的轧环机。1854 年英国也有了火车车轮轧机，此时的轧
环机主要是用来扩展毛坯的外径。到了 1864 年，俄罗斯的奥布霍
夫工厂利用同样的工艺生产出了火车轮毂。当时铁路运输业的大
力发展促进了车轮和轮毂的迅速发展，使得轮毂轧机的作用也有
了显著的提高，这样轮毂就得到了进一步的校准和成形。到了 20
世纪初，用来控制高度的辅助轧辊的出现，基本上奠定了轧环机的
模式。到了 20 世纪 60 年代用油压机来代替水压机，以及计算机
的发展与先进的自控系统在轧环机上的应用，使得轧环机的性能、
产品的精度得到了很大的提高，较小的环件生产率可达到 500～
800 件/h。目前，随着技术的进一步发展，生产率已提高到 1200
件/h。今天，为更好地满足市场的需求，轧环机上配备了各种辅助
设备，尽最大可能完善环件产品质量，提高市场竞争力。

　　目前，世界上主要开展轧环机设备研制和环件技术开发的国
家有德国、美国、日本、英国、俄罗斯、中国等，其中德国在该领域的
研发水平较高，其产品品种规格全、使用范围广。在我国，济南铸
锻研究所在轧环机的研究和生产方面的工作较为全面。另外，还
有国内其他锻压机械厂也有自己的产品。研究工作开展得较早、
较深入的还有太原科技大学、武汉理工大学等。许多环件生产部

门如马鞍山钢铁公司车轮厂、洛阳矿山机械厂、洛阳轴承厂以及太原重型机器厂等也做了大量的工作。

为了满足国内对大型环件,特别是航天航空工业对高温合金和钛合金大型环件的需求,我国在 20 世纪 80 年代中期开始开发重型数控径向-轴向轧环机。1990 年由济南铸锻研究所设计的 1800 mm 数控径向-轴向轧环机研制成功。该机采用径向-轴向轧制原理,工件端面平直,棱角清晰;采用 CNC 和电液比例技术实现辗轧过程自动化;采用余量重新分配的控制系统,可以分别控制工件的外径、内径或中径尺寸,减少由于坯料超差所产生的废品。该轧机的轧制精度高,外径公差 ±3 mm,高度公差 ±2 mm。

此后,我国又陆续研制成功 3000 mm、2000 mm、800 mm CNC 轧环机,CNC 系统的软硬件也在不断完善和发展。目前,国内拥有轧环机 100 多台,最大辗扩直径为 5500 mm。轧环机在大型化、数控化和系列化生产方面取得显著成绩。

5.2 轧环机的分类与技术参数

5.2.1 轧环机的分类

轧环机按不同方式分类如下:

(1)根据工件在轧制状态下的空间放置形式分类。按照该方法可以将轧环机分为卧式轧环机(图 5-4)和立式轧环机(图 5-5)两种类型。立式轧环机虽然能提供较大的轧制力,但由于外径受到空间高度的限制,应用范围相应受到限制。不过大多数中小型轧环机因操作方便而采用立式轧环机,如生产中小型轴承圈的轧环机。而卧式轧环机如果配备有完善的支撑装置,轧环外径可不受任何限制,所以大型轧环机一般采用卧式。

(2)根据轧辊的空间位置分类。根据轧辊的空间位置,轧环机分为径向、径向-轴向及特殊用途轧环机。图 5-6、图 5-7 是一台不带端面锥辊的径向卧式轧环机,此类轧环机只使用径向轧辊,只对工件施加径向压缩变形。既有径向轧制又有轴向轧制的轧环机

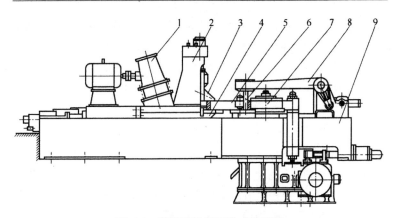

图 5-4　带端面锥辊的卧式轧环机

1—端面锥辊装置的传动机构；2—端面锥辊机架；3—上锥辊；
4—下锥辊；5—工件；6—芯辊；7—主辊；8—支架；9—机身

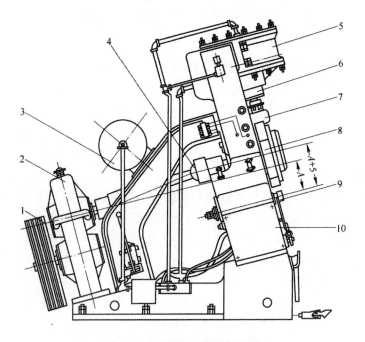

图 5-5　立式轧环机结构示意图

1—皮带轮；2—减速箱；3—汽罐；4—万向节；5—汽缸；6—活塞杆；
7—滑块；8—驱动辊；9—芯辊；10—机身

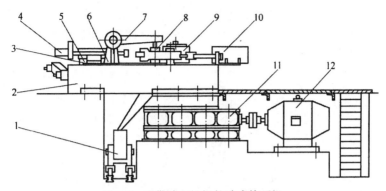

图 5-6 不带端面锥辊的卧式轧环机

1—落料箱;2—机身;3—支架摆动机构;4—检测机构;5—主缸;6—滑块;
7—支架;8—芯辊;9—主辊;10—抱辊机构;11—减速箱;12—电机

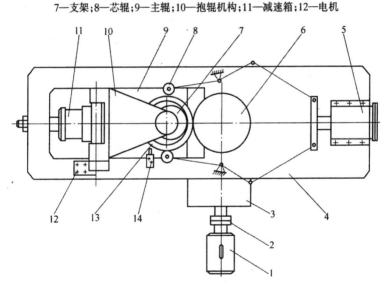

图 5-7 传动和控制机构工作原理图

1—电机;2—联轴节;3—减速箱;4—机身;5—抱缸;6—主辊;7—芯辊;8—抱辊;
9—滑块;10—支架;11—主缸;12—挡块;13—工件;14—检测机构

称为径向-轴向轧环机,如图 5-4 所示,该设备包含一组轴向轧辊
和径向轧辊。单芯辊的径向-轴向轧环机现大都由计算机按程序
控制,仅输入环、环坯、轧辊的尺寸及材料牌号等参数就可以进行

自动轧制,环尺寸、机器状态均可在显示器上显示出来。

(3) 根据芯辊的数量分类。轧环机还可根据芯辊的数量分为单芯辊和多芯辊两种。

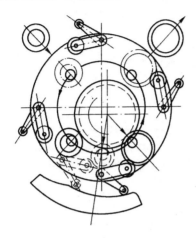

图 5-8　四轴多工位轧环机

如图 5-8 所示的四轴多工位轧环机是一种台式多芯辊径向轧环机。该类轧环机都用在环件自动化生产线上。

台式多芯辊轧环机用于生产一些小的和中等尺寸的环件,外径最大为 500 mm,最大质量为 40 kg。这种轧机有一个相对于主轧辊偏心的回转台,其轧制力可达 320 kN,4 个芯辊安装在回转台上连续旋转,旋转轴线的偏心距离取决于环件的厚度。KFRMW 是一种由瓦格纳公司改造的径向多芯辊轧环机,它的特点是配有测量和控制系统,与轧制恒壁厚环件的 KFRW 系列轧环机不同的是,这种轧环机既能使环壁厚均匀,又能使环径符合要求,避免由于环坯尺寸上的误差,导致环直径的不均匀。班宁公司的 MIRA 系列轧环机和瓦格纳公司的 RWM 系列轧环机,都有一个主轧辊和两个各自用液压缸驱动的芯辊,一个芯辊主要用于装和取环件,另一个芯辊则用于轧制。瓦格纳公司的 HRW 系列轧环机也有两个芯辊,它主要用于轧制斜齿轮这一类有内法兰的环件。

(4) 根据工件的轧制温度分类。根据工件的轧制温度,轧环机可以分为热轧和冷轧两种形式。随着经济的发展和技术水平的提高,环件冷辗轧的应用逐渐增加。冷辗轧能使工件最大限度地接近成品件,具有材料利用率高、切削加工量少、工件质量好等优点。目前,英国 FORMFLO 公司、前苏联轴承联合公司、德国

BANDUBEN 公司和日本的 KYOEI 精工公司的冷轧环机在生产中得到广泛应用。国产的 D55M 型和 JK 型系列冷轧环机使用效果也较好。

我国洛阳国投精密机械有限公司自主开发研制了 D56G 数控精密冷轧环机。该轧机设计新颖,技术指标先进,加工精度高,适用于加工以轴承套圈为代表的环形零件。D56G 系列目前生产 3 个品种,即 D56G60 型(最大外径 $\phi 52$ mm,最小内径 $\phi 15$ mm,最大宽度 20 mm)、D56G70 型(最大外径 $\phi 90$ mm,最小内径 $\phi 30$ mm,最大宽度 25 mm)、D56G140 型(最大外径 $\phi 140$ mm,最小内径 $\phi 60$ mm,最大宽度 40 mm)。采用 PLC 控制,并以双光栅任意选择控制和测量环件内外径尺寸。

轧环机的分类及有关生产单位见表 5-1。

表 5-1 轧环机的分类

结构形式 变形方向	单 芯 辊		多 芯 辊
	立　式	卧　式	卧　式
径　向	GMF 公司(DFR 系列)UMIST公司	瓦格纳公司(MERW)系列 班宁公司(H系列) 济南铸锻研究所	瓦格纳公司(KFRW)系列 班宁公司(RIWA)系列
径向-轴向		瓦格纳公司(RWM 系列) 济南铸锻研究所 三菱公司(MR系列)	瓦格纳公司(RAW 系列) 瓦格纳公司(RIA 系列)
特殊用途		瓦格纳公司(KW 系列) 班宁公司(环-盘系列)	

注:瓦格纳公司和班宁公司现合并在德国曼内斯曼公司(Mannersman)。

5.2.2 轧环机的技术参数

参见图 5-9,根据环件的用途,轧制过程可以是闭式的,也可

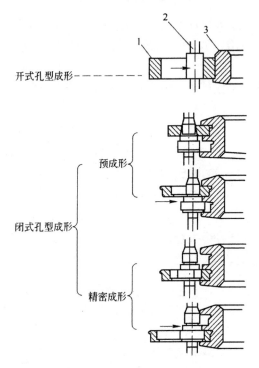

图 5-9　轧环变形过程的形式
1—工件；2—芯辊；3—成形辊

以是开式的。UMIST（曼彻斯特大学理工学院）的试验轧机就是这种类型的轧机，这种轧机的特点是芯辊可以上下运动，以利于环件在轧制前后的上料和下料。径向轧环机适用于轧制轴对称截面的环件。如果环件变形主要集中在环件周向的扩展上，利用闭式孔型轧制效果较好。德国一家生产原子反应堆部件的公司，就有一架径向轧制力可达 45 MN 的轧环机，它可以生产外径 10 m、高 4 m 的原子反应堆堆芯。表 5-2 为济南铸锻研究所研制的 D52 系列径向轧环机的技术参数。表 5-3 为该所研制的 D53K 系列径向-轴向轧环机的技术参数。表 5-4、表 5-5 是 D51 系列立式和卧式轧环机的技术参数。

表 5-2　D52 系列径向轧环机技术参数

型　号		630	1000	1600	2000	3000
环尺寸 /mm	外径	220～630	350～1000	400～1600	450～2000	500～3000
	高度	160	250	300	350	400
机器参数	径向轧制力/kN	500	800	1000	1250	2000
	轧制速度/m·s^{-1}	1.3	1.3	1.3	1.3	1.3
	驱动功率/kW	110	200	280	355	500
平面尺寸 /mm	长度	5230	7500	9000	10000	12700
	宽度	1900	220	2500	3500	4100
	高度	2530	3600	3600	4000	4300

表 5-3　D53K 系列径向-轴向轧环机技术参数

型　号		800	1600	2000	3000	3500	4000	5000
环尺寸 /mm	外径	350～800	400～1600	500～2000	500～3000	500～3500	500～4000	500～5000
	高度	60～300	60～300	80～500	80～500	80～500	80～700	80～750
轧制力 /kN	径向	1250	1250	2000	2000	2000	2000	2500
	轴向	1000	1000	1250	1250	1600	1600	2000
轧制速度 /m·s^{-1}		1.3/0.4 ～1.6	1.3/0.4 ～1.6	1.3/0.4 ～1.6	1.3/0.4 ～1.6	1.3/0.4 ～1.6	1.3/0.4 ～1.6	1.3/0.4 ～1.6
驱动功率 /kW	径向	280	280	500	500	630	630	630
	轴向	2×160	2×160	2×220	2×220	2×280	2×315	2×315
平面尺寸 /mm	长度	10000	11000	14500	15200	16000	18500	20000
	宽度	2500	2500	3500	3500	3500	4500	5500
	高度	3150	3300	4300	4300	4400	4400	5000

表 5-4　国产 D51 系列立式轧环机主要技术参数

型　号	D51-160	D51-160Y	D51-250	D51-350	D51-160K	D51-250K	D51-350K	D51-400
环件外径 /mm	45～160	45～160	250	350	45～160	250	350	400
环件宽度 /mm	35	35	50	85	50	85	120	100

型　号	D51-160	D51-160Y	D51-250	D51-350	D51-160K	D51-250K	D51-350K	D51-400
环件材料强度极限 /MPa	≤95							
最大生产率/件·h⁻¹	500	500	400	200	300	240	100	120
公称轧制力/kN	50	60	98	155	113	196	310	180
滑块最大行程/mm	70	70	110	130	70	110	130	130
轧制速度 /m·s⁻¹	2~2.5	2~2.5	2.1	2.2	1.64	1.63	1.45	2
主轴转速 /r·min⁻¹	120	120	80	62	92	62.3	41	
主轧辊外径/mm	360~380	360~380	500~520	680~700	360~380	500~520	680~700	680
压缩空气公称压力/MPa	0.5							
自由空气理论消耗量 /m³·min⁻¹	0.9		1.8	1.52	1	1.6	1.4	
芯辊中心高度/mm	670	670	875	1050	670	875	1100	
主轧辊与芯辊最小中心距/mm	185	185	265	365	185	265	365	370
电动机功率/kW	18.5	22.5	37	75	30	55	90	75
外形尺寸 L×W×H /mm×mm×mm	2200×1550×1850	2200×1550×1850	2890×1990×2400	4050×1800×3000	2350×1700×2100	3440×2000×2700	4595×2000×3370	3670×2650×3100
轧机总质量/kg	2800	3000	6500	10000	3300	7200	12000	12500

表 5-5　国产 D51 系列卧式轧环机主要技术参数

型　号	D51-1200	D51-1300	D51-1500	D51-1800	D51-2000
环件外径/mm	500~1250	400~1420	500~1500	600~1800	700~2050
环件高度/mm	200	200	280	60~350	200
径向轧制力/kN	800	830	1200	1250	1200
轴向轧制力/kN				800	850
滑块行程/mm	500	840		630	520
轧制速度/m·s⁻¹	1.59	1.14	1.5~1.73	1.25	3.35~6.35
主电机功率/kW	240	135	480	260	950
机床质量/t		27		80	157

　　德国的瓦格纳公司(Wagner)和班宁公司(J. Banning)是两家从事技术开发与技术应用的公司,他们提供的轧环机径向轧制力为 250~5000 kN,轴向轧制力为 200~3150 kN,外径范围为 170~7000 mm。日本三菱机器制造公司生产的 MR 系列轧环机与德国这两家公司生产的轧环机尺寸范围及机器类型一样。德国的 MWM 公司提供生产轴承环的轧环机。美国的格鲁特尼(GMF)和特福模两家公司提供专门生产航空工业用的薄壁异型环件的轧环机,他们生产的 DFR 系列立式轧环机,径向力可达 907.2 kN,轧辊开口度可达 1830 mm,环件高度达 1040 mm,外径在 200~2000 mm 范围内的椭圆度可达到 ±0.75 mm。表 5-6 为瓦格纳公司 RAW 系列径向-轴向轧环机技术参数,表 5-7 是班宁公司轧环机技术参数。

表 5-6　瓦格纳公司 RAW 系列径向-轴向轧环机技术参数

坯料规格		25/20	32/25	50/40	80/63	125/100	160/125	200/125	315/200	500/315
环件尺寸/mm	外径	800	1000	1400	2000	3000	4000	5000	6000	7000
	高度	30~170	30~220	40~350	40~460	50~580	50~650	50~740	60~870	100~1160
环重/kg		160	250	630	1250	3150	4000	6300	10000	12500

坯料规格		25/20	32/25	50/40	80/63	125/100	160/125	200/125	315/200	500/315
轧制力 /kN	径向	250	320	500	800	1250	1600	2000	3150	5000
	轴向	200	250	400	630	1000	1250	2500	2000	3150
驱动功率 /kW	径向	50	75	110	160	250	320	400	630	1000
	轴向	2×38	2×55	2×75	2×110	2×150	480	480	630	800
轧制速度 /m·s^{-1}		0.4~1.6	0.4~1.6	0.4~1.6	0.4~1.6	0.4~1.6	0.4~1.6	0.4~1.6	0.4~1.6	0.4~1.6
平面尺寸 /mm	长度	9000	10000	11000	13000	15000	17000	20000	24000	26000
	宽度	2500	2700	3000	3500	4300	4500	4800	5500	6500

表 5-7 德国班宁公司轧环机技术参数

坯料规格	H25 V20	H40 V32	H63 V50	H80 V63	H100 V80	H125 V100	H160 V125	H200 V160	H250 V200	H315 V250
径向轧制力 /kN	250	400	630	800	1000	1250	1600	2000	2500	3150
轴向轧制力 /kN	200	320	500	630	800	1000	1250	1600	2000	2500
径向驱动功率 /kW	75	110	160	200	250	315	400	500	630	800
轴向驱动功率 /kW	75	110	160	200	250	315	400	500	630	800
轧制速度 /m·s^{-1}	1.3/0.4~1.6									
最小坯料外径 /mm	150	180	210	240	270	300	330	360	390	420
坯料内径 /mm	90	110	130	150	170	190	210	230	250	270
最大坯料高度 /mm	250	350	450	500	550	600	650	700	750	800
锥辊最大间距 /mm	260	360	460	510	560	620	670	720	770	820
环最小高度 /mm	30	40	40	40	40	50	50	50	60	60
环外径 /mm	170~800	200~1200	230~1600	260~2000	290~2500	320~3000	350~3500	380~4000	410~5000	440~6000

5.3 轧环机力能参数计算

环件种类较多,这里只介绍轧制矩形截面环件的力能参数计算。

5.3.1 环件轧制力的计算

环件轧制仍属纵轧的范畴,但又具有特殊性,可以认为环件轧制是一种特殊的纵轧。因此环件轧制力的计算也是基于一般的纵轧理论,并考虑环件轧制的特点。环件轧制过程的几何变形区如图 5-10 所示。

轧制力是指轧件对轧辊作用力的合力,只有在简单轧制下此合力的方向才是垂直的,对普通轧制在压下螺丝下测得的力仅是轧制力的垂直分量。

一般通称的轧制力是指轧件和轧辊接触区内轧制单位压力与单位摩擦力的垂直分量之和,但是单位摩擦力和轧制压力相比其值很小,在工程计算中常忽略不计。轧制力的计算公式为:

$$P = p_c F \qquad (5\text{-}1)$$

式中　P——轧制力;

　　　p_c——平均单位压力;

　　　F——轧件和轧辊接触的接触面积,即

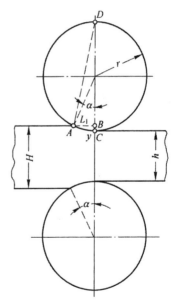

图 5-10　环件轧制过程的几何变形区

接触表面积在垂直于 P 力方向的水平投影。

5.3.1.1 接触面积的计算

在接触面积的计算中应该考虑和简单轧制相比之下环件轧制

的特点。环件径向轧制的特点是两个轧辊直径不同,即传动的主轧辊直径大于从动的芯辊直径,而且轧件为环状。

在轧辊为圆柱形的情况下,轧件和轧辊的接触面积可用下式表达:

$$F = BL \tag{5-2}$$

式中 B——轧件宽度,即环件的轴向高度;

   L——轧件和轧辊的接触弧长,即接触弧在垂直于 P 力方向的投影长度。

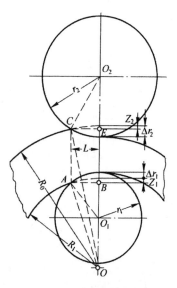

接触弧长 L 的计算,既不同于两个等径轧辊轧制的情况,也不同于两个不等径轧辊轧制的情况。该计算中要同时考虑主轧辊和芯辊的直径不同和轧件为环状这两个突出的特点。

视主轧辊、芯辊为圆柱形,根据轧制理论,轧件对主轧辊与芯辊的压力大小相等,而方向相反,故两个轧辊和轧件的接触面积相等,接触弧长也相等。

由图 5-11 可知,芯辊与环件接触弧的长度 L 可根据 $\triangle ABO$、$\triangle ABO_1$ 求出。

图 5-11   环件轧制变形区的接触弧长

在 $\triangle ABO$ 中:

$$L = AB = \sqrt{R_1^2 - (R_1 - Z_1)^2} = \sqrt{2R_1 Z_1 - Z_1^2}$$

在 $\triangle ABO_1$ 中:

$$L = AB = \sqrt{r_1^2 - (r_1 - \Delta r_1 - Z_1)^2} = \sqrt{2 r_1 (\Delta r_1 + Z_1) - (\Delta r_1 + Z_1)^2}$$

上两式中,Z_1^2 和 $(\Delta r_1 + Z_1)^2$ 与环坯半径 R_1 和轧辊半径 r_1 相

比值很小，为简化计算可忽略不计，则：

$$L = AB = \sqrt{2R_1 Z_1} = \sqrt{2r_1(\Delta r_1 + Z_1)} \qquad (5-3)$$

同理，在 $\triangle CEO$、$\triangle CEO_2$ 中可得：

$$L = CE = \sqrt{2R_0 Z_2} = \sqrt{2r_2(\Delta r_2 - Z_2)} \qquad (5-4)$$

根据式 5-3 有 $2R_1 Z_1 = 2r_1(\Delta r_1 + Z_1)$，可得：

$$Z_1 = \frac{r_1 \Delta r_1}{R_1 - r_1}$$

根据式 5-4 有 $2R_0 Z_2 = 2r_2(\Delta r_2 - Z_2)$，可得：

$$Z_2 = \frac{r_2 \Delta r_2}{R_0 + r_2}$$

已知式 5-3 等于式 5-4，都等于接触弧长 L，所以：

$$L = \sqrt{2R_1 Z_1} = \sqrt{2R_0 Z_2}$$

将 Z_1、Z_2 值代入上式即得：

$$L = \sqrt{2R_1 \frac{r_1 \Delta r_1}{R_1 - r_1}} = \sqrt{2R_0 \frac{r_2 \Delta r_2}{R_0 + r_2}} \qquad (5-5)$$

令 $\Delta h = \Delta r_1 + \Delta r_2$，则 $\Delta r_1 = \Delta h - \Delta r_2$，将 Δr_1 代入式 5-5，可以得：

$$2 \frac{R_1 r_1}{R_1 - r_1}(\Delta h - \Delta r_2) = 2 \frac{R_0 r_2 \Delta r_2}{R_0 + r_2}$$

$$R_1 r_1 (\Delta h - \Delta r_2)(R_0 + r_2) = R_0 r_2 \Delta r_2 (R_1 - r_1)$$

将上式展开整理可得：

$$\Delta r_2 = \frac{\Delta h R_1 r_1 (R_0 + r_2)}{R_0 r_2 (R_1 - r_1) + R_1 r_1 (R_0 + r_2)}$$

将 Δr_2 代入式 5-5 得：

$$L = \sqrt{\frac{2R_0 r_2}{R_0 + r_2} \Delta r_2} = \sqrt{\frac{2R_0 r_2}{R_0 + r_2} \times \frac{\Delta h R_1 r_1 (R_0 + r_2)}{R_0 r_2 (R_1 - r_1) + R_1 r_1 (R_0 + r_2)}}$$

$$= \sqrt{\frac{(R_0 R_1 r_1 r_2)(2\Delta h)}{(R_0 R_1 r_1 r_2)\left(\frac{1}{r_1} - \frac{1}{R_1} + \frac{1}{r_2} + \frac{1}{R_0}\right)}} = \sqrt{\frac{2\Delta h}{\frac{1}{r_1} + \frac{1}{r_2} + \frac{1}{R_0} - \frac{1}{R_1}}}$$

$$(5-6)$$

5.3.1.2　环件轧制时平均单位压力 p_c 的确定

影响平均单位压力 p_c 的因素很多,除金属材料固有的性能(化学成分、组织状态)外,还有热力学条件的影响因素,即变形温度、变形速度和变形程度(或加工硬化)。

影响金属应力状态的因素有轧辊尺寸、轧件尺寸、接触摩擦、外区、张力等。

根据以上这些因素,确定平均单位压力的公式可表达为:

$$p_c = n_\sigma n_b \sigma_s \tag{5-7}$$

式中　σ_s——考虑热力学条件影响的单向应力状态下的瞬时屈服极限,即金属的变形抗力;

　　　n_b——考虑轧件宽度影响的系数;

　　　n_σ——考虑中间主应力、外摩擦、外区、外力影响的应力状态系数。

(1) 应力状态系数 n_σ 的计算公式为:

$$n_\sigma = \beta n_{\sigma 1} n_{\sigma 2} n_{\sigma 3} \tag{5-8}$$

式中　β——考虑中间主应力影响的应力状态系数,取值范围为 $1 \sim 1.15$,对环件轧制来说,忽略宽展,可看作平面变形,$\beta = 1.15$;

　　　$n_{\sigma 1}$——考虑外摩擦影响的应力状态系数;

　　　$n_{\sigma 2}$——考虑外区影响的应力状态系数;

　　　$n_{\sigma 3}$——考虑外力影响的应力状态系数。

环件轧制的特点是小压下量多道次轧制,轧件与轧辊接触弧长 L 与轧件的平均厚度 h_c 之比小于1,环件与轧辊的外摩擦对 p_c 影响很小,故 $n_{\sigma 1}$ 可忽略不计。

$n_{\sigma 2}$ 考虑了轧件的入口断面和出口断面上纵向应力分布不均对变形抗力的影响,常用 A.И. 采利柯夫经验公式来确定:

$$n_{\sigma 2} = \left(\frac{L}{h_c}\right)^{-0.4} \tag{5-9}$$

在 $0.05 < \dfrac{L}{h_c} < 1$ 范围内公式足够精确。

环件轧制时没有纵向张力,尽管压下使环坯延伸,致使与变形区相对的环坯另一边形成应力状态,呈现塑性弯曲,反过来又对变形区的两端产生挤推力,但这种情况只有在 $L/h_c \gg 1$ 时才会出现,因此可以不考虑 $n_{\sigma3}$ 的影响。

(2) 轧件宽度影响系数 n_b 的计算公式为:

$$n_b = \frac{1 + \dfrac{3b - L_0}{3b} \dfrac{\mu L}{2h}}{1 + \dfrac{\mu L}{2h}} \qquad (5\text{-}10)$$

$$L_0 = L(1 - A - 4A^2 + 4A^3)$$

$$A = \alpha'/(4\mu)$$

式中　b、h——分别为轧件的平均宽度、厚度;

　　　α——咬入角;

　　　μ——摩擦系数;

　　　L——变形区接触弧长度。

(3) 变形抗力 σ_s 的计算。金属变形抗力值一般是通过实验数据得来的,但为了便于应用于计算机控制的轧机,北京科技大学在凸轮压缩变形试验机上进行了一百多个钢种的变形抗力试验,将试验结果整理成相应的数学表达式:

$$\sigma_s = \sigma_0 K_t K_u K_r$$

式中　σ_0——基准变形抗力,即变形温度 $t = 1000℃$、变形速度 $u = 10 \text{ s}^{-1}$、变形程度 $\varepsilon = 40\%$ 时的变形抗力;

　　　K_t——变形温度影响系数,当 $t = 1000℃$ 时,$K_t = 1$;

　　　K_u——变形速度影响系数,当 $u = 10 \text{ s}^{-1}$ 时,$K_u = 1$;

　　　K_r——变形程度影响系数,当真实平均变形程度 $r_m = 40\%$ 时,$K_r = 1$。

K_t、K_u、K_r 的计算公式为:

$$K_t = \exp(A + BT)$$

$$T = \frac{t + 273}{1000}$$

$$K_u = \left(\frac{u}{10}\right)^{C+DT}$$

$$K_r = E\left(\frac{r_m}{0.4}\right)^N - (E-1)\frac{r_m}{0.4}$$

式中 A、B、C、D、E、N——系数,见表 5-8。

表 5-8 各钢种变形抗力公式系数值

钢 种	A	B	C	D	E	N	σ_0/MPa
08F	4.312	−3.387	−0.532	0.513	1.879	0.589	138.9
Q235A	3.665	−2.878	−0.122	0.186	1.402	0.589	151.2
20	3.321	−2.609	−0.133	0.210	1.454	0.390	155.8
45	3.539	−2.780	−0.157	0.226	1.370	0.342	162.1
09Mn2	3.449	−2.710	−0.173	0.225	1.678	0.194	165.4
16Mn	3.466	−2.723	−0.220	0.254	1.566	0.466	159.9
16MnNb	3.367	−2.645	−0.129	0.181	1.467	0.402	167.4
20Cr	3.174	−2.494	−0.131	0.188	1.469	0.433	151.4
12Cr2Ni4A	3.656	−2.872	−0.220	0.253	1.703	0.527	169.3
38CrMoVA	3.934	−3.091	−0.217	0.254	1.498	0.426	183.9
25Cr2MoVA	3.858	−3.031	−0.065	0.127	1.510	0.441	176.3
1Cr18Ni9Ti	2.874	−2.258	−0.374	0.352	1.277	0.323	229.2

　　冷轧变形抗力是冷态常温下试验的结果,亦可用相应公式计算:

$$\sigma_s = \alpha\varepsilon^n$$

式中 α、n——与碳的质量分数有关的系数,见表 5-9。

表 5-9 碳素钢的加工硬化系数

碳的质量分数/%	0.14	0.20	0.23	0.31	0.45	0.61	0.97	1.16
n	0.29	0.29	0.26	0.26	0.28	0.27	0.28	0.27
α/MPa	900	810	850	890	1580	1820	2140	2240

还有许多相关的变形抗力曲线,请查阅相关资料。

平均单位压力的确定是比较复杂的问题,影响的因素太多,在使用一些经验公式时,根据不同的具体轧机条件、轧制工艺、轧件自身条件,应对一些参数进行修正,以此来满足自己的要求。

5.3.2 轧环机传动轧辊所需力矩的计算

根据环件轧制工艺和轧环机结构的不同,传动轧辊所需总力矩的计算方法也应有所差异,但只要掌握了基本原理,就可以解决不同的问题。

轧制时作用在电动机轴上的总力矩 M_z 由轧制力矩、附加摩擦力矩、空转力矩和动力矩组成,即:

$$M_z = \frac{M}{i} + M_f + M_k + M_d \qquad (5\text{-}11)$$

式中　M——轧制力矩;

　　　M_f——传至电动机轴上的摩擦力矩;

　　　M_k——空转力矩;

　　　M_d——动力矩,轧辊运转速度不均匀时,各部件由于有加速或减速所引起的惯性力所产生的力矩;

　　　i——电动机到轧辊的速比。

式 5-11 中,$\frac{M}{i} + M_f + M_k$ 是静力矩,M 是有效力矩,$M_f + M_k$ 是无效力矩,推算到电动机轴上的轧制力矩之比值称为轧机的传动效率 η_0,即:

$$\eta_0 = \frac{M/i}{(M/i) + M_f + M_k} \qquad (5\text{-}12)$$

5.3.2.1 轧制力矩的计算

轧制力矩可以根据轧件对轧辊的压力、能耗、摩擦力等来计算。

A　径向轧制力矩的计算

径向轧制力矩计算方法有多种,下面介绍两种。

　　a　采利柯夫计算法

　　大多数环件轧机的结构特点是主轧辊直径大,芯辊直径小,主轧辊为传动辊,芯辊为从动辊。根据一般轧制理论,环件对主轧辊和芯辊的压力 P 大小相等,方向相反。由于芯辊从动,并考虑芯辊辊颈外摩擦的影响,所以 P 力的方向是通过主轧辊接触弧上的合力作用点且切于芯辊辊颈摩擦圆的出口侧的直线方向,如图5-12所示。

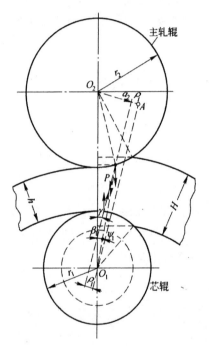

图 5-12　环件轧制过程的轧制力作用点与作用方向示意图

　　由图 5-12 可知,径向轧制力矩可表示为:

$$M = Pa_2 + P\rho_2 = P(a_2 + \rho_2) \qquad (5\text{-}13)$$

式中　a_2——P 力对主轧辊中心的力臂;

　　　　ρ_2——主轧辊辊颈的摩擦圆半径。

$$a_2 = AO_2 - \rho_1$$

式中　AO_2——自 O_2 点到通过芯辊中心 O_1 与力 P 方向平行的直线的垂直距离；

　　　ρ_1——芯辊摩擦圆半径。

在 $\triangle O_1AO_2$ 中：

$$AO_2 = (r_1 + r_2 + h)\sin\gamma$$

式中　r_1——芯辊半径；

　　　r_2——主轧辊半径；

　　　h——某道次后的环件径向厚度；

　　　γ——P 力方向线与两轧辊中心连线间夹角。

$$\gamma = \beta_1 + \psi_1$$

所以有：

$$a_2 = (r_1 + r_2 + h)\sin(\beta_1 + \psi_1) - \rho_1 \tag{5-14}$$

则：

$$M = P[(r_1 + r_2 + h)\sin(\beta_1 + \psi_1) - \rho_1 + \rho_2] \tag{5-15}$$

式中　β_1——两个轧辊中心连线与环件对芯辊的合力作用点半径间的夹角；

　　　ψ_1——力 P 的作用方向与环件对芯辊的合力作用点半径间的夹角。

b　简化法

对主轧辊传动、芯辊从动的轧环机，考虑轧辊辊颈摩擦，所以轧件作用于芯辊上的合力作用线必切于芯辊辊径的摩擦圆，如图5-13 所示，传动主轧辊所需的径向轧制力矩 M 也可由式 5-13 求出。

虽然此公式的出发点和采利柯夫公式相同，但在此公式的进一步推导中作了一些假定和简化。

一般热轧方坯时力臂系数取 0.5，即考虑合压力通过接触弧中点的同时也通过变形区中心，即通过 C 点，$CD = 0.5L$。另外，由于 γ 实际上很小，则假定 $\tan\gamma = \sin\gamma$。

在 $\triangle O_1BO_2$ 中：

$$\sin\gamma = \frac{a_2 + \rho_1}{r_1 + r_2 + h}$$

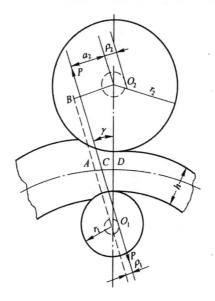

图 5-13　环件轧制过程的轧制力与力臂的简化分析

在 $\triangle O_1AD$ 中：　　　$\tan\gamma = \dfrac{0.5L + (\rho_1/\cos\gamma)}{r_1 + 0.5h}$

因为 γ 很小，即 $\cos\gamma \approx 1$，所以

$$\tan\gamma = \dfrac{0.5L + \rho_1}{r_1 + 0.5h}$$

则：

$$\dfrac{a_2 + \rho_1}{r_1 + r_2 + h} = \dfrac{0.5L + \rho_1}{r_1 + 0.5h} = \dfrac{L + 2\rho_1}{2r_1 + h}$$

$$a_2 = \dfrac{r_1 + r_2 + h}{2r_1 + h}(L + 2\rho_1) - \rho_1$$

故：　　$M = P\left[\dfrac{r_1 + r_2 + h}{2r_1 + h}(L + 2\rho_1) - (\rho_1 - \rho_2)\right]$　　(5-16)

B　轴向轧制力矩的计算

对径向-轴向轧环机,轴向轧制力矩在总力矩中也是重要的一部分。为便于计算,将锥辊视为圆柱辊,则轴向轧制便类似于一般纵轧,可参照纵轧理论来求出。

C 矫正力矩 M_w 的计算和抱辊阻力矩 M' 的计算

轧制过程中，环件并不是正确的圆形，需要通过抱辊装置对环件的塑性弯曲进行矫正。因此便有了矫正力矩 M_w 和抱辊阻力矩 M'。为便于分类，把它们一并放在轧制力矩这一部分。矫正力矩 M_w 的表达式为：

$$M_w = \frac{8M_0 r_2}{d_{max} + d_{min}} \left[\left(\frac{d_{max} - h}{d_{min} - h} \right)^2 - \left(\frac{d_{min} - h}{d_{max} - h} \right)^2 \right] \quad (5\text{-}17)$$

式中　M_0——塑性弯曲力矩，对矩形断面环件：

$$M_0 = 0.25\sigma_s bh^2$$

σ_s——屈服极限；

b——环件轴向宽度；

h——环件径向厚度；

d_{max}——该道次环件的最大外径；

d_{min}——该道次环件的最小外径；

r_2——主轧辊直径。

每一个抱辊的阻力矩可按下式计算：

$$M' = P'\mu d'/2 \quad (5\text{-}18)$$

式中　M'——每个抱辊的阻力矩；

P'——金属对抱辊的压力；

d'——抱辊的轴颈直径；

μ——抱辊轴承的摩擦系数。

总的抱辊阻力矩可根据抱辊的数量而定。

5.3.2.2 附加摩擦力矩的计算

附加摩擦力矩 M_f 是指当轧件通过轧辊时，在辊颈处与轧机传动机构中所产生的摩擦力矩，它不包括空转摩擦力矩，即轧机无载荷时传动轧辊所需之力矩，所以附加摩擦力矩 M_f 可由下式表达：

$$M_f = \frac{M_{f1}}{i} + M_{f2} \quad (5\text{-}19)$$

式中　M_{f1}——轧辊辊颈处的摩擦力矩；

M_{f2}——轧机传动机构中的摩擦力矩。

A 轧辊辊颈处的摩擦力矩 M_{f1}

M_{f1} 的计算和径向轧制力矩 M 的计算关系密切,前面两个径向轧制力矩的计算公式已经将其考虑进去了。

B 轧机传动机构中的摩擦力矩 M_{f2}

M_{f2} 可根据传动机构的传动效率来确定:

$$M_{f2} = \left(\frac{1}{\eta} - 1 \right) \frac{M + M_{f1}}{i} \tag{5-20}$$

式中 i——由电动机至轧辊的传动比;

η——传动机构的传动效率。

前面讲到的 η_0 是整个轧机的传动效率,如果知道某轧机的 η_0,则可参考近似计算 η。对新设计的轧机,要根据轧机的传动形式,按每种部件(如齿轮箱、传动轴)的效率 η_1、η_2、$\cdots$、η_n 连乘确定,或者单独计算(要考虑该部件至电动机轴的传动比)后相加。传动机构的效率可表示为:

$$\eta = \frac{M + M_{f1}}{i} \bigg/ \left(\frac{M + M_{f1}}{i} + M_{f2} \right) \tag{5-21}$$

5.3.2.3 空转力矩的计算

空转力矩 M_k 是指轧机无载荷时传动轧机所需的力矩,也是按传动机构的质量和轴承中的摩擦圆半径进行计算的,其表达式为:

$$M_k = \sum M_n = \sum \frac{G_n \mu_n d_n}{2 i_n} + M_k' \tag{5-22}$$

式中 G_n——该部件的质量(即轴承中的负荷);

μ_n——该部件在轴承中摩擦系数;

d_n——该部件的轴颈直径;

i_n——该部件与电机间的传动比;

M_k'——考虑飞轮时飞轮与空气的摩擦损失。

当有飞轮时,飞轮与空气的摩擦损失可用下列经验公式计算:

$$M_k' = \frac{60N}{2\pi n}$$

$$N = 0.74 v^{2.5} D^2 (1 + 5b) 10^{-5}$$

式中　v——飞轮轮缘的圆周速度,m/s;

　　　D——飞轮外径,m;

　　　b——飞轮轮缘宽度,m;

　　　n——飞轮的转速,r/min。

对于某一已掌握其空转力矩在总力矩中所占比例的轧机,可按经验百分比确定其空转力矩。

5.3.2.4　动力矩的计算

动力矩 M_d 按下式计算:

$$M_d = J\frac{d\omega}{dt} = \frac{GD^2}{4}\frac{d\omega}{dt} \tag{5-23}$$

当轧制总力矩得出后,便可参照板带轧制选择电动机功率的方法来选择电动机功率。

以上是简单的、带有普遍意义的力能参数计算方法。在实际计算过程当中,研究人员用滑移线法、上限元法、有限元法等工程法对不同种类的环件轧制进行了分析及计算。

5.4　轧环机的工作原理

轧环机的主要结构包括机座、主滑块、主轧辊及抱辊装置、轴向轧辊装置和主传动等几部分,依靠轧辊的旋转与压下对轧件进行轧制。图 5-14 为我国某机器厂使用的一台径向-轴向轧环机,其工作原理如下:

机座 1 通过地脚螺栓固定在基础上,主轧辊 3 装在与机座相连接的上机座过桥 2 中,主轧辊由两台交流调速电动机 4 经过减速机 5 驱动,减速机通过地脚螺栓固定在基础上,主轧辊通过联轴器 6 连接减速机。径向轧制便可在主轧辊和芯辊之间进行。

为了快速更换轧辊,两端支撑的主轧辊装在一个可更换的轧辊箱 7 中。芯辊装在一个箱体中,这个箱体装在主滑块又叫芯辊

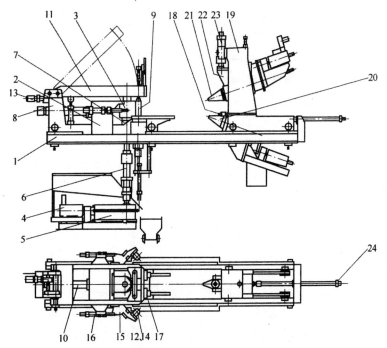

图 5-14　我国某厂的径向-轴向轧环机示意图

1—机座；2—上机座过桥；3—主轧辊；4—交流调速电动机；5—减速机；
6—联轴器；7—轧辊箱；8—芯轴滑座；9—芯轴；10—径向压下油缸；
11—支架臂；12—定心头；13—芯轴摆动装置；14—定心辊；15—定心臂；
16—定心液压缸；17—轧制工作台；18—测量装置；19—轴向立柱；
20—下锥辊；21—上锥辊；22—轴向滑座；23—轴向液压缸；24—液压缸

滑座中，主滑块可在机座导轨的水平滚轮上运动，机座导轨两侧还布置有垂直滚轮来限位。该主滑块装有 4 个带青铜滑块的导向座，可沿垂直轴线调整到要求的间隙。芯辊用液压控制升降，调节高度。芯辊支架装在主滑块上，在轧制过程中，用于支撑芯辊。轧机在上料下料时，支架臂 11 与装在其前端的芯辊上部支撑装置和芯辊上部支撑液压调节装置一起向上摆动，打开位置。

定心装置在轧制时，既要使环件处于定心位置，又要控制环件的椭圆度。它由定心臂 15、装在定心臂上的可更换的定心头 12 及套在定心头上的定心辊 14 组成，定心辊的定位由各自的定心液压缸 16 来控制。

轴向立柱 19 用于安装两个锥形轧辊,下锥辊 20 装在立柱中,上锥辊 21 装在轴向滑座 22 中。轴向滑座可在轴向立柱中垂直移动,这样上锥辊可以通过压下来完成轴向轧制。轴向液压缸 23 平衡轧制力并完成压下动作。两个锥辊分别由一台直流变速电机和圆柱齿轮减速机驱动。轴向立柱像主滑块一样在机座导轨的水平滑轮上和垂直滑轮之间运动。在轴向立柱上装有 4 个带青铜滑块的导向座,可沿垂直轴线调整到要求的间隙。轴向立柱在机座导轨上的运动由液压缸 24 来控制,并通过测量辊给出的信号,随着轧制过程中变大的环径而相应移动。

5.5 卧式轧环机的主要结构

5.5.1 卧式轧环机的结构方案

卧式轧环机的常见结构方案有 5 种,如图 5-15 所示。卧式轧环机 5 种结构方案的结构特点和用途列于表 5-10。

表 5-10 卧式轧环机结构方案的特点及用途

方案	结构特点				优 缺 点				用　　途
	轧辊支撑		A	B	环件直径	轧机总刚度	轧辊受力情况	结构复杂程度	
	主轧辊	芯辊							
a	悬臂	悬臂		芯辊外侧	不受限制	最低	最差	最简单	生产宽度小、变形抗力小、尺寸精度低的环件
b	悬臂	非悬臂	芯辊外侧	芯辊外侧	受限制	较低	较差	较简单	生产轴承套圈之类的环件
c	悬臂	非悬臂	主轧辊外侧	主轧辊外侧	不受限制	较低	较差	稍复杂	生产轴承套圈之类的环件
d	非悬臂	非悬臂	芯辊外侧	芯辊外侧	受限制	较低	好	稍复杂	生产一般合金钢宽度较小的环件
e	非悬臂	非悬臂			不受限制	较高	好	复杂	生产各种合金钢中等宽度的断面尺寸精度高的环件

注:A—芯辊支撑臂安放位置;B—加压缸安放位置。

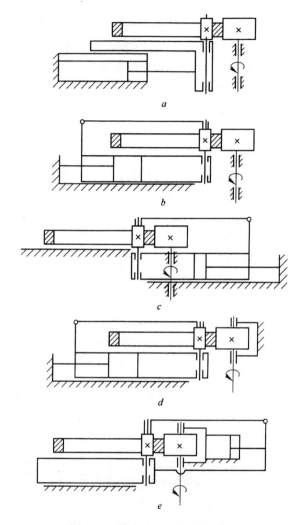

图 5-15 卧式轧环机的结构方案

a—两辊均为悬臂;b—主动辊悬臂,被动辊支撑,其支座在被动辊外侧;
c—同 b,但被动辊支座在主动辊外侧;d—两辊支撑,支座在被动辊外侧;
e—两辊支撑,支座在主动辊外侧,加压缸在两支座之间

对照图 5-15 和表 5-10 可以看出,图 5-15a 所示的结构最简
单,悬臂的两个轧辊受力情况最不好,底座在轧制时产生弯曲变

形,因而轧机的总刚度最低。所以这种轧环机只能生产断面尺寸精度要求不高、变形抗力小且宽度小的环件。

图 5-15b、c、d 属于中间状态。

图 5-15e 所示的结构复杂,效果较好。它的主要优点是加压缸放在总轧制力作用线附近,上下各部件所承受的载荷和由此而产生的变形比较均匀。因此这种轧环机轧制出的环件厚度和圆柱度的精度均较高,其次是底座不承受轧制载荷。但是如果用于生产变形抗力大且宽度大而厚度小的环件,可能会存在以下问题:在轧制时,由于应力回线较长,而且是空间的,因此受力的部件变形较大,有的零件在水平面内和垂直面内都产生弯曲变形,这就降低了轧环机的总刚度。这不仅不利于轧制宽而薄的和变形抗力大的环件,而且也增加了加压缸的能耗。如果加大受力部件的截面尺寸,可以提高刚度,但这样会增加相应部件的质量,使设备变得大而笨重。

5.5.2 卧式轧环机的主要构成

5.5.2.1 机座

机座是卧式轧环机的主要部件,通常采用铸钢件,其结构类似两条连在一起的滑轨。通常,由于机座要承受较大的纵向拉力,所以应具有较高的强度和刚度。

5.5.2.2 主滑块

主滑块的结构如图 5-16 所示。主滑块 6 用钢板焊接而成,要求有较大的刚度,既可支撑芯辊 1,又可承载主油缸 4 和芯辊支架 2。主油缸的柱塞 7 固定在主轧辊 3 的辊座上。上料后,将支架端部放下,与芯辊的上部锥面紧密配合,并通过锁紧装置使芯辊支架与芯辊不脱开。

当轧环机正常工作时,油泵打出的液压油,从柱塞上的 a 口进入主油缸;同时经 b 口由充液箱通过充液阀向主油缸内大量充油,使主滑块空程快速前进。当芯辊接触到环件后,系统的油压逐渐升高,充液箱的油流停止进入主油缸。此时,主滑块带动芯辊开始对环件加力,轧制也开始进行。

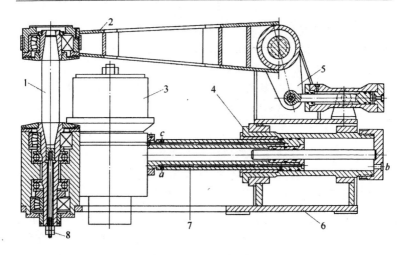

图 5-16　主滑块结构
1—芯辊;2—芯辊支架;3—主轧辊;4—主油缸;
5—锁紧装置;6—主滑块;7—柱塞;8—螺母

芯辊上下端部均设有滚动轴承支撑,可随同环件一起旋转。将下部的螺母 8 旋下便可更换芯辊。

5.5.2.3　定心装置

定心装置又叫抱辊装置,由一对可以随动的抱辊组成。为了满足轧制时对环件的正确导向与尽可能减小环件椭圆度的要求,对定心装置在运动速度、定心力和减小椭圆度方面提出如下要求:

(1)开始轧制时,定心辊要能较快地接近环件,当离环件较近时,能以慢速与环件接触。

(2)轧制过程中,定心辊能以设定的定心力与环件接触,以消除环件左右晃动,起到良好的导向作用。随着环件直径增大,定心辊能缓慢地向外退让,其速度是可调的。如果在轧制过程中,环件出现剧烈晃动而超过设定的定心力,或者生产人员对定心辊的运动速度及定心辊设定的定心力控制不当时,定心辊还能自动退让,以保护机械设备不致受损。

(3)轧制接近终了时,定心辊的速度和定心力均可按生产人员的意图进行微调,以便获得尽可能圆的环件。定心辊的运动轨迹应当有利于得到椭圆度小的环件。

(4) 轧制终了后,定心辊能以较高的速度张开,以便迅速卸下轧好的环件。

定心装置通过数控系统控制,可自动调整定心辊的位置以及施加定心力的大小。

定心装置有多种方案和措施,动作原理除能满足上述要求外,定心辊还要有一个最佳位置,如图 5-17 所示,即在轧制过程中,定心辊和主轧辊与环件外圆相接触的 3 个点,应恰好形成一个理想的几何圆,且圆心正好位于两定心辊的中心线上。从图中可以看到,定心辊中心的运动轨迹与轧环机中心线的夹角为 45°,且定心辊的行程在轧环机中心线上的投影长度为:

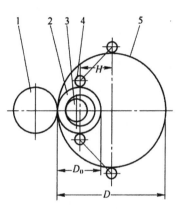

图 5-17 定心辊的最佳位置
1—主轧辊;2—坯料;3—芯辊;
4—定心辊;5—成品轧件

$$H = (D - D_0)/2$$

式中 H——定心辊的行程在轧环机中心线上的投影长度;

      D——成品环件外径;

      D_0——环件毛坯外径。

5.5.2.4 轧辊

轧环机的轧辊包括主轧辊、芯辊、导向辊及测量辊等。由于各辊的作用不同,所以使用的材料和结构形式亦不同。

A 主轧辊

主轧辊的结构形式如图 5-18 所示,其中 a 是基本型,b、c、d 3 种是改进型。常用的结构尺寸见表 5-11。

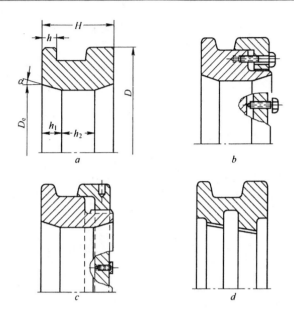

图 5-18　主轧辊的结构形式

a—基本型；b、c、d—改进型

表 5-11　轧环机主轧辊的常用结构尺寸(mm)

轧环机规格	D	D_e	H	h	α	h_1	h_2
160	360	280	85	≥12	15°		
250	450/420	320	100	≥16	15°	26	48
350	690	500	180	25+0.5	15°±5′	55	70

　　常用的轧辊材料为 5CrMnMo 或 5CrNiMo（也可以用 GCr15SiMn），硬度为 HRC45～50。

　　B　芯辊

　　芯辊处于环件内，冷却条件很差，所以要求芯辊材料有较好的耐热疲劳性。常用的材料有 3Cr2W8V（也可以用 5CrMnMo、5CrNiMo），硬度为 HRC43～48。芯辊的结构形式和尺寸见图5-19 和表 5-12。

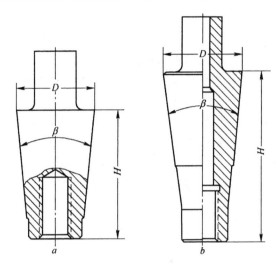

图 5-19　芯辊的结构形式

a—160 或 250 轧环机用；b—250 或 360 轧环机用

表 5-12　轧环机芯辊的主要结构尺寸(mm)

轧环机规格	D	H	β
160	70/55	125/80	8°/(10°)
250	75/60	145/90	8°
350	130	355	8°

C　导向辊和测量辊

导向辊和测量辊的结构形式如图 5-20 所示,常用的材料为 GCr15 或 5CrMnMo 等,热处理硬度为 HRC45～50。

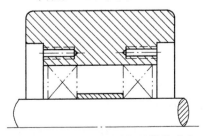

图 5-20　导向辊和测量辊的结构形式

5.5.2.5　主传动

通常,卧式轧环机采用水平传动,因此必须将传动方向变换为垂直方向。采用下传动的结构较为复杂,增加了设备和基础的造价。

图 5-21 是两种常用传动方案示意图。第一种传动方案结构相对简单,经常用于非专业生产厂家小批量生产的自制设备。第二种传动方案结构比较合理,多用于轧环机专业制造厂批量生产的设备。由于下传动改变了输出轴的方向,因此主传动的机械部分与普通圆柱齿轮减速器相比,要复杂一些。特别是采用了下传动后,增加了设备基础的复杂性和工程量,从而增加了设备的总投资。

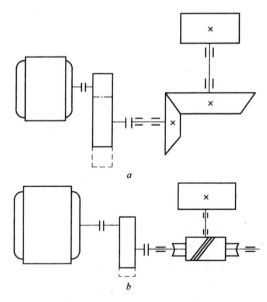

图 5-21　卧式轧环机的下传动方案示意图
a—圆柱齿轮减速器和大圆锥齿轮传动;b—蜗轮蜗杆传动

5.5.2.6　轧环机控制系统

图 5-22 是 D51-160A 型轧环机的控制系统,该系统采用喷射式喷嘴结构的背压发生装置,结构简单,灵敏可靠,使用寿命长。

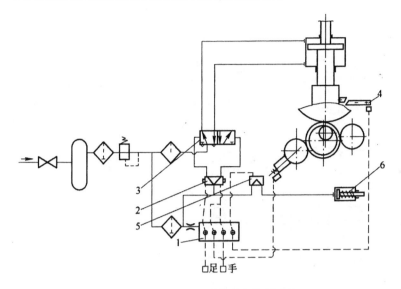

图 5-22   D51-160A 型轧环机控制系统

1—信号发生器;2、5—气动放大器;3—二位四通阀;

4—单向脉冲发生器;6—卸料缸

新型的轧环机则采用 CNC 和电液比例技术实现辗轧过程自动化,包括对加工余量重新分配的控制系统,从而可以精确地控制工件的外径、内径或中径尺寸,能够更好地适应坯料质量的变动,轧制精度可达外径公差 ± 3 mm,高度公差 ± 2 mm。

5.6 车轮轧机

车轮轧制是盘环件轧制领域中的重要组成部分,其工艺特点是产品批量大,质量要求高,工艺流程复杂,因此轧机的装备水平也要求较高。我国某钢铁公司车轮厂的主要设备是我国于 20 世纪 60 年代自行设计制造的,经过逐步完善改造已经达到了较高的生产水平。某重机厂的车轮生产线是在 1997 年从加拿大引进建设的。目前,国内已经能够生产高速铁路机车所需要的最大直径和单重的 1250 整体车轮。车轮生产工艺流程如图 5-23 所示。

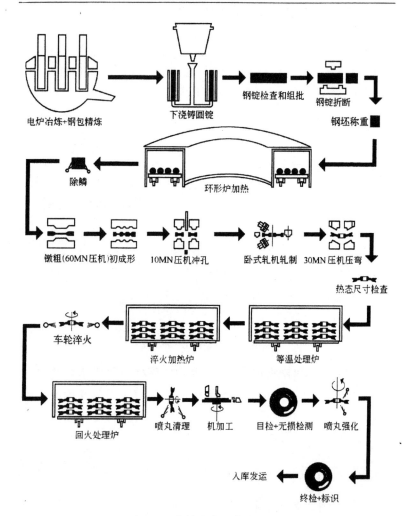

图 5-23   车轮生产工艺流程图

5.6.1   车轮轧机的工作原理

用车轮轧机轧制车轮,是把轮坯放置在轧机各个部位上的各种不同断面的轧辊间进行连续轧制,见图 5-24、图 5-25。车轮在轧制过程中,各个轧辊在轮坯各部分轧制时间不一样。车轮轮辋及紧靠轮辋的辐板部分是车轮最主要的部分,轧制加工也集中在这些地方。轧制结束后,车轮应达到符合要求的形状和必需的强度。

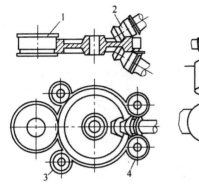

图 5-24　水平放置轮坯时轧辊的配置
1—主轧辊;2—斜辊;
3—导辊;4—压紧辊

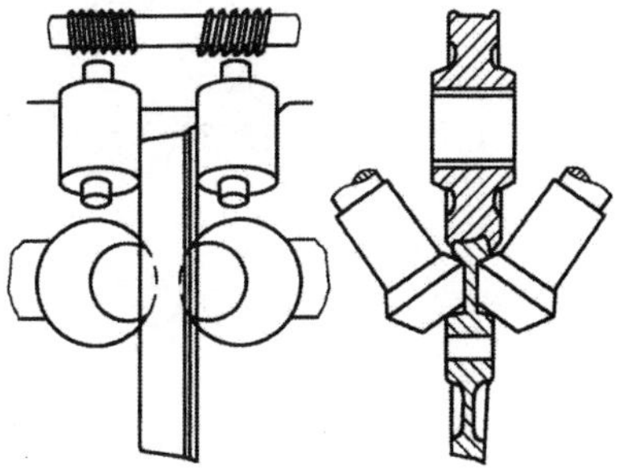

图 5-25　垂直放置轮坯的轧辊配置

车轮轧机是一种专用设备,结构复杂,上面所装的轧辊、导辊、压紧辊,以不同的角度配置在不同的平面上,根据不同的要求分别运动。轮坯在轧机上与各辊之间的关系也不同,图 5-24 是水平放置轮坯的轧机,图 5-25 是垂直放置轮坯的轧机。这两种轧机都配置有两个斜辊,和轮坯中心线倾斜一个角度,这两个斜辊用来轧制轮坯的内表面。在水平放置轮坯的轧机上,轮辋的宽度可由复杂断面的斜辊来确定。在垂直放置轮坯的轧机上,轮辋的宽度可由圆柱或圆锥辊来确定。这两种轧机都有一个主轧辊用以轧制轮面和轮缘。在水平放置轮坯的轧机上,还有两个压紧辊和两个导辊,导辊保持被轧轮坯处于工作位置,而压紧辊与主轧辊共同完成轮面和轮缘的成形。

图 5-26 示出了轧制开始和轧制终了的两个位置。轧制开始时,两个斜辊和装在轧机上的轮坯上下表面接触,和轮辋的内表面接触。电机启动后,两个斜辊开始转动,并从内侧向外开始辗轧,

轮外表面由主轧辊和压紧辊轧制,内外表面的摩擦力使得轮坯开始旋转,而每旋转一圈,轮坯内径扩大一次,外表面逐步形成所要求的轮缘形状。

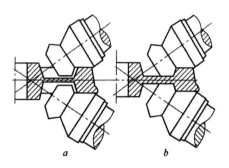

图 5-26　轧制过程中斜辊与工件的作用
a—轧制开始;*b*—轧制完成

5.6.2　车轮轧机的分类

车轮轧机可以按以下 3 个基本特征分类:

(1) 按工件在轧机上的位置分类;

(2) 按工件在轧机上的固定方法分类;

(3) 按工作辊的外形分类。

与轧环机类似,常用的车轮轧机的分类方法是第一种方式,即按照工件的位置将车轮轧机分为卧式车轮轧机和立式车轮轧机。

卧式车轮轧机的工件与轧辊的布置形式是,除斜辊以外,所有辊子都与工件处于同一平面。斜辊的中心线与轮坯转动面成一定角度,并处在轧机纵向中心线的垂直面上,而且装有带斜辊和空转压紧辊的工作机架。卧式车轮轧机的特点是,机座位置较低,操作方便,易于轧制大直径车轮。图 5-27 是卧式车轮轧机简图。

立式车轮轧机的轧辊布置形式是,除斜辊以外,所有辊子都处于同一垂直平面。两个斜辊的中心线与垂线成等角,都处在一个水平面上。立式车轮轧机的特点是,机座位置较高,工作机架不移动。图 5-28 是立式车轮轧机简图。

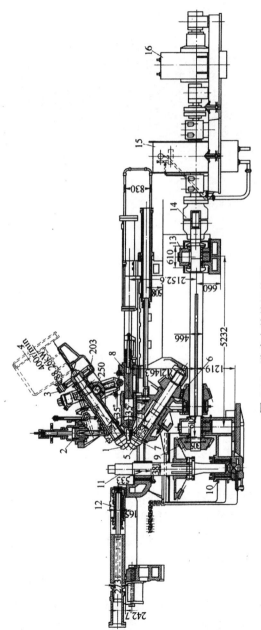

图 5-27 卧式车轮轧机简图

1—上斜辊;2—上斜辊压下缸;3—上斜辊圆柱齿轮传动装置;
4—电动机;5—下斜辊;6—下斜辊锥齿轮传动装置;7—压紧辊;
8—滑座压下装置;9—立辊锥齿轮传动装置;10—立辊止推轴承;
11—立轴;12—导辊液压缸;13—水平轴支架;14—联轴节;
15—减速器;16—主电机

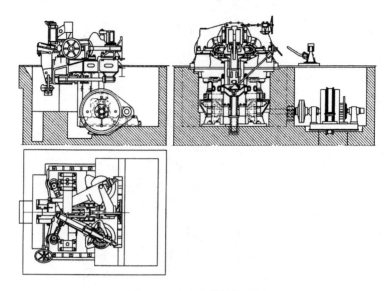

图 5-28　立式车轮轧机简图

5.7　齿轮轧机

齿轮轧机也是一种轮盘类轧机,其工作原理是用带齿的轧制工具在轮坯上轧制齿廓,轧制齿轮的生产率和材料利用率都很高,产品质量好,易于实现自动化生产。

齿轮轧制可以分为热轧、冷轧和冷精轧。热轧齿轮是将坯料的边缘加热,然后进行轧制,可以轧制出直齿轮、斜齿轮、锥齿轮和螺旋齿轮及链轮。对于小模数齿轮可以用冷轧方式轧制。冷精轧是对齿轮进行精加工,以改善齿轮的表面粗糙度和精度。

齿轮轧机也有立、卧两种形式,轧辊的数量有单辊和双辊。图 5-29 是卧式单辊齿轮热轧机的传动原理图。由于齿轮轧制要求较高的精度,所以轧辊应作精确的对滚运动。工件的顶紧、轧辊的进给和感应加热器的进退等动作均由液压实现。齿坯外缘加热到开轧温度时(采用自动测温)主轧缸自动进给。在轧轮对面有一倒角滚轮,以轧出齿顶两侧的倒角。

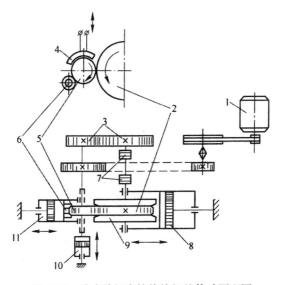

图 5-29 卧式单辊齿轮热轧机的传动原理图
1—主电机；2—轧辊；3—分度挂轮；4—感应加热器；
5—工件；6—倒角滚轮；7—十字轴节；8—主轧缸；
9—挡料板；10—工件顶紧缸；11—支撑缸

齿坯边缘的加热多采用高频或中频感应加热器,其功率和频率参数见表 5-13。

表 5-13 齿坯边缘感应加热设备的技术参数

	模数/m	2~3	3~7	7~10
工件尺寸	齿宽/mm	10~20	10~20	10~20
	外径/mm	80~150	80~150	80~150
加热设备	功率/kW	200	200	200
	频率/Hz	8000	2500	1000

齿轮的冷精轧可以作为滚齿、热轧、冷轧、粉末冶金和精锻齿轮的后续齿形精整工序。齿轮冷精轧机有自由冷精轧和强制冷精轧两种形式,前者轧辊与工件之间为自由滚动,而后者在轧辊和工件之间设置分度挂轮或标准齿轮作强制分度,从而提高对误差的纠正能力。

齿轮冷精轧机有单辊、双辊和三辊 3 种形式。单辊轧机结构简单,但是工件的芯轴承受单向压力,要求定位轴有较高的强度;双辊和三辊轧机的工件受力状态好,工效和纠差能力较高。图5-30所示的是三辊卧式齿轮冷精轧机的传动系统图。

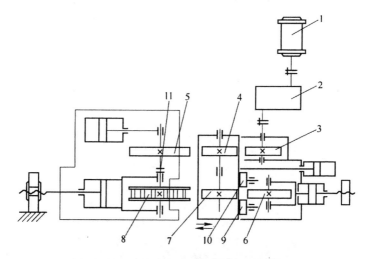

图 5-30　三辊卧式齿轮冷精轧机的传动系统图
1—电动机;2—减速器;3—传动分度轮;4—工件分度齿轮;
5—轧辊分度齿轮;6—光轧辊;7—工件;8—轧辊;
9、10—侧轧辊;11—十字滑块

齿轮轧机的工件装卡应保证在轧制时不打滑,并且装卸较为方便。图 5-31、图 5-32 所示是一种胀开式夹紧机构。当拉紧拉杆时,带齿的卡爪胀开,从而将工件卡紧。

近年来,我国的一些厂家设计制造了滑轮轧机,其结构形式与齿轮轧机类似。滑轮轧机的轧制过程是:利用对厚钢板边缘加热、辊切、扩张和整形等塑性变形工序,使之形成滑轮的形状。由于工件的尺寸较大,滑轮轧机的机架采用门式结构,使用煤气喷嘴进行局部加热,随着工件的旋转,将其边缘加热均匀。当轧件的边缘达到轧制温度时,用切分辊将其切开,然后用成形辊轧制成形。

采用轧制方法生产的滑轮强度高,耐磨性好,可以方便地改变产品规格,生产成本低,能够很好地替代铸造滑轮。

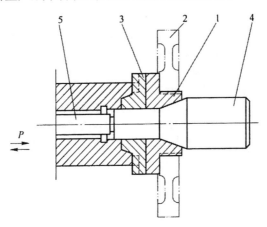

图 5-31　胀开式夹紧机构
1—带齿卡爪;2—工件;3—连接盘;4—支撑芯轴;5—拉杆

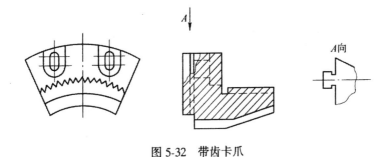

图 5-32　带齿卡爪

参 考 文 献

1　Johnson W,Mamalis A G. International Matals Reviews,1979,(4)

2　Johnson W,Needham G. Int. J. Mech. Sci.,1968,(10):95～113

3　Erden Eruc,Rajiv Shivpuri. Tools Manufact. Int. J. Mech. Sci.,1992,32(3):379～398

4　席夫林 M IO 等.车轮和轮毂轧制.冶金部情报所书刊编译室译.北京:中国工业出版社,1965

5　华林,黄兴高,朱春东.环件轧制理论和技术.北京:机械工业出版社,2001

6　邹家祥.轧钢机械.北京:冶金工业出版社,2000

7　日本塑性加工学会.压力加工手册.江国屏等译.北京:机械工业出版社,1984

8　中国机械工程学会锻压学会.锻压手册.北京:机械工业出版社,1993

9　《锻压技术手册》编委会.锻压技术手册.北京:国防工业出版社,1989

10　华林.轧环机工作参数理论设计.锻压机械,2000,(2)

11　殷耀.辗环机在工作中出现环件爬辊问题的解决方法.锻压机械,1995,(3)

12　张吉光.数控辗环机最佳辗轧工艺路线的确定.锻压机械,1995,(5)

13　李斌.国外冷辗环机特点分析.锻压机械,1997,(2)

14　侍慕超.90年代初国内外锻压机械的发展概况.锻压机械,1996,(2)

15　《锻工手册》编写组.锻工手册(第七分册).北京:机械工业出版社,1975

16　《机械工程手册 电机工程手册》编辑委员会.机械工程手册(第七分册).北京:机械工业出版社,1982

6 辊锻设备

6.1 概述

辊锻是采用轧制方法来生产锻造工件,辊锻机的工作原理如图6-1所示,是由一对装有弧形模具的轧辊连续轧制,使毛坯在轴线方向产生连续周期性的塑性变形,形成具有所要求形状的工件。辊锻工艺主要适用于棒料的拔长、板坯的辗片以及杆件轴向变断面成形。有些连续变断面的零件,如变断面弹簧扁钢只能采用辊锻工艺生产。

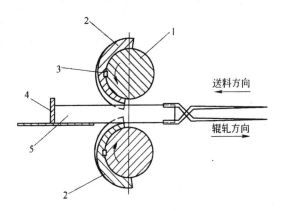

图 6-1 辊锻机工作原理
1—轧辊;2—扇形模;3—定位键;4—挡板;5—坯料

与锻造过程相比辊锻工艺有以下优点:

(1) 设备质量轻,驱动功率小。由于变形是连续的局部接触变形,虽然变形量很大,但是变形力较小,因此,设备的质量和电机功率较小。例如250 t 的辊锻机相当于2000 t 以上的锻造机。

(2) 生产效率高,产品质量好。多槽成形的辊锻机其生产效率与锻锤相当。单槽成形的辊锻机其生产效率很高,一般比锻锤高2倍以上。辊锻的变形过程连续,残余变形和附加应力小,产品的力学性能均匀。

(3) 劳动强度低,工作环境较好。由于辊锻是连续静压变形,生产过程的设备冲击、振动和噪声小,并且生产过程易于实现机械化和自动化,因此显著地降低了劳动强度,改善了工作环境。

(4) 材料和工具消耗少,工件尺寸稳定。由于辊锻的工具(轧辊)与工件之间的摩擦系数较小,工具的磨损较轻,与锻模相比寿命大大提高。这样降低了工具消耗,也保证了工件尺寸的稳定,可以减小工件的加工余量。

辊锻工艺可以按照其用途、轧槽的形式、辊锻温度和工件的送进方式进行分类。

辊锻工艺根据工件的用途可以分为制坯辊锻和成形辊锻。制坯辊锻生产的工件需要做进一步的加工,如一些长轴和杆件的毛坯。制坯辊锻按照轧槽数量可以分为单型槽制坯辊锻和多型槽制坯辊锻。两者主要都是为了给模锻供坯。制坯辊锻均为热辊锻。成形辊锻能够生产基本不需要进一步加工的工件,如经过热精辊锻和冷精辊锻的五金工具类产品。

此外,类似于型钢轧制,辊锻工艺可以根据型槽的形式分为开式型槽和闭式型槽两种辊锻方式。按照坯料的送进方式,辊锻工艺也可以分为顺向送进和逆向送进两种类型。辊锻时,坯料从辊锻机的一侧送入,从另一侧出来的送进方式为顺向送进。顺向送进利用轧辊的咬入力使工件自然进入成形区辊锻成形,不需要附设送进装置,且工件不需夹持,适用于成形辊锻。但是对于多道次辊锻,则需要在辊锻机两侧反复移送坯料。逆向送进的生产方式是坯料的送入和出料均在辊锻机的一侧,这样操作较为方便,尤其是对于多道次辊锻。工件在夹钳的夹持下,利用轧辊的空隙送入辊锻区,当轧辊转到辊锻位置时实现压下变形,同时将工件送出辊锻区。

目前,辊锻工艺在国外的应用很广泛,国内的应用也发展很快。由于辊锻工艺十分易于使坯料延伸、拔长,因此主要是制坯辊锻,用于为模锻提供合适的坯料。成形辊锻的应用也在扩大,由于生产效率高、质量好,所以有十分广泛的应用前景。随着辊锻技术的发展,辊锻机的设计、制造技术水平也有很大进展,其发展方向是自动化、高效率和高精度。国外已有许多厂家可以系列生产各种规格的辊锻机。我国的一些企业通过引进国外先进技术,也能够生产高水平的辊锻机,一些大批量机械零件的辊锻生产自动线已经投入使用,如山东青岛生建机械厂的 RW 型系列自动辊锻机(表 6-1)和带机器人的 ARWS 型系列自动辊锻机。系列设备是引进原西德 EUMUCO 公司的技术和标准制造的,具有国际 20 世纪 80 年代先进水平,并可配套提供成形辊锻、备坯辊锻的工艺、模具设计和制造技术,已完成汽轮机叶片、汽车前轴等零件的成形辊锻生产线工程。辊锻技术可广泛应用于汽车、拖拉机、动力、能源、手工工具等行业。

表 6-1　RW 型自动辊锻机主要技术参数

型　　号	RW1	RW1a	RW2	RW2a	RW3w
项目参数	(AS)	(AS)	(AS)	(AS)	
辊锻模外径/mm	370	460	560	680	930
锻辊可使用宽度/mm	500	570	700	850	1000
自动辊锻件最大长度/mm	570	710	870	1050	1920
辊锻辊中心距可调整量/mm	15	17	20	25	25
锻辊转速/r·min^{-1}	80	65	52	40	30
最大坯料尺寸/mm	ϕ55	ϕ75	ϕ100	ϕ125	ϕ160
	□55	□75	□100	□125	□160
手臂纵向行程/mm	490	630	758	890 独立传动	机器人 7000
手臂横向行程/mm	435	505	550	750	800
垂直、水平方向可调性	可调	可调	可调	可调	可调
纵向位置的调节量/mm	200	200	400	400	
单道次横向行程/mm	62~120	65~140	80~170	100~250	
可夹持最大质量/kg	12	12	50	50	150
机组主电机功率/kW	15	18.5	30	55	155

6.2　辊锻机的类型

辊锻机主要根据结构形式来分类,设备的基本构成与二辊式轧钢机类似(图 6-2),主要包括一对转速相同、方向相反的锻辊(轧辊),辊锻模固定在锻辊上,电动机经过皮带轮、减速机和联轴器传动下工作辊。由于两个锻辊不做上下调整,所以不需要齿轮分配箱和万向接轴,上辊是通过两个锻辊轴之间的齿轮传动的。由于辊锻过程是间歇的,为了平衡电机负荷,采用大直径的皮带轮,并加装离合器。在减速器高速轴的另一侧,安装制动器,两者相配合保证锻辊停在准确位置。

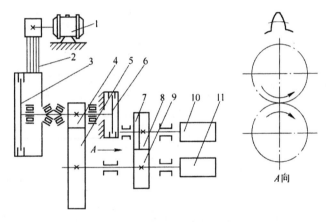

图 6-2　辊锻机的基本结构

1—电动机;2—三角皮带;3—离合器;4、5—传动齿轮;6—制动器;
7—浮动长齿轮;8、9—长齿齿轮;10—上锻辊;11—下锻辊

根据送料方向、锻辊的结构形式、传动部分与工作部分的相对位置以及用途的不同,辊锻机分类如下:

(1)根据送料方向分类。辊锻机的送料方向可以与水平面平行、垂直或倾斜。相应地,设备的形式有卧式、立式和斜式辊锻机。大多数辊锻机是卧式的,在机器的两面均可操作,进出料比较方便,适于生产中小型毛坯或成品锻件,是辊锻机的主要结构

形式。

立式辊锻机(图 6-3)适用于生产细长的锻件,此类产品在热状态下水平送进易于弯曲,采用垂直送进可以避免这种现象。当对工件有特殊要求时,可以将辊锻机布置为倾斜式的,一般与水平面呈 45°角。工作时,工件从机器的斜下方送入,辊锻出来后靠自重由接料台滑回,再转送下一工序(图 6-4)。

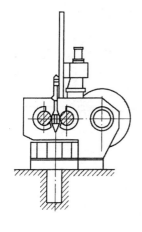

图 6-3　立式辊锻机

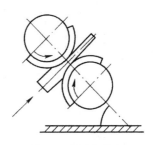

图 6-4　斜式辊锻机

(2) 根据锻辊的支撑结构分类。根据锻辊的支撑结构可以将辊锻机分为悬臂式、双支撑式和复合式 3 种形式。悬臂式辊锻机(图 6-5)锻辊的一端支撑,工作部分伸在机身外,另一端悬空。这类辊锻机更换模具较为方便,操作位置可以在机前、左侧和右侧,适于进行展宽工序。但是设备的刚性较低,多用于小型件的大批量生产。

双支撑式辊锻机 (图 6-6) 的锻辊两端均由轴承支撑,机架为牌坊式,刚性好,辊锻精度高,适于生产成形辊锻或冷辊锻产品。双支撑的锻辊上可以进行多槽辊锻,所以有较广的应用范围。

复合式辊锻机是将双支撑式辊锻机的非传动侧的辊端伸出机

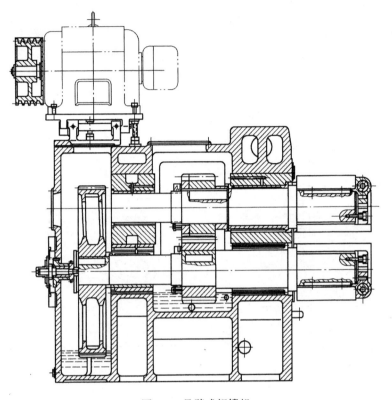

图 6-5 悬臂式辊锻机

架,形成一对悬臂锻辊。机架内的部分成为内辊,机架外的部分成为外辊(图 6-7)。外辊除了能够进行辊锻工作外,还可以用于工件的切断、弯曲和矫直等工序。有些情况下可以为辊锻操作机提供动力。

(3) 根据辊锻机传动部分的设置分类。辊锻机可以像轧钢机那样,将电动机、减速器等主传动部分设置在机架牌坊的一侧,采用较长的接轴来驱动锻辊(图 6-8),这类辊锻机称为分置式辊锻机。分置式辊锻机轧辊的调整范围大,可以实现较大的压下量,适用于生产大规格的辊锻产品。对于小规格、径向压缩量较小的辊

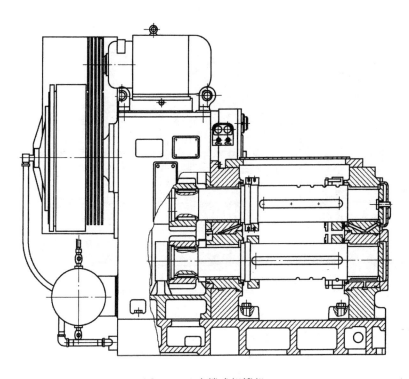

图 6-6　双支撑式辊锻机

锻机,一般将传动装置与工作部分设置在一起,结构较为紧凑,类似于专用机床的结构布置,称为机床式辊锻机。图 6-5～图 6-7 所示辊锻机即属于机床式辊锻机。

（4）按照生产产品的品种和批量分类。对于一些批量大、有特殊要求的产品,可以采用高效率的专用辊锻机来生产,例如生产变断面弹簧扁钢的专用辊锻机、冷成形叶片的叶片冷锻机等。而对于小批量、多品种的产品,则可以使用通用型辊锻机。这类辊锻机已经系列化批量生产,设备装备水平高,产品质量好,生产效率高,从而降低了生产成本。

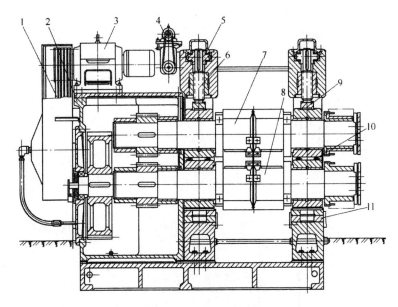

图 6-7　复合式辊锻机

1—三角皮带轮;2—传动箱;3—主电动机;4—中心距调整电动机;
5—蜗轮蜗杆机构;6—压下螺杆;7—上锻辊;8—下锻辊;
9—超负荷安全装置;10—蝶形弹簧;11—楔铁

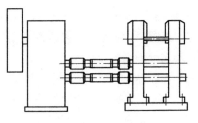

图 6-8　分置式辊锻机

6.3　辊锻机的主要技术参数

辊锻机的主要技术参数表示了产品的规格、性能和主要用途

等,是设备设计和选择的主要依据。辊锻机的主要几何尺寸如图6-9所示。辊锻机的主要技术参数包括:

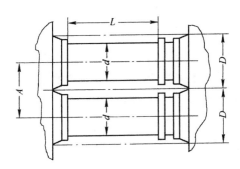

图 6-9 辊锻机的主要几何尺寸

(1) 锻模公称直径 D。锻模公称直径是指锻模分模面处的公称回转直径,即等于两锻辊的公称中心距。与轧钢过程一样,锻模公称直径越大,轧件越容易咬入,变形区越长,金属越容易充满孔型。但是,变形区长,轧制压力大,使辊锻机的结构尺寸增大,能耗增高。所以,应该在满足工艺要求的前提下,选择公称直径小一些的锻模。

锻模公称直径的选择可以根据工件的形状、尺寸和材料,用类比法确定,也可以利用经验公式根据坯料直径 d_g 初步计算。

制坯辊锻时:

$$D = (6\sim8)d_g$$

成形辊锻时:

$$D = (8\sim15)d_g$$

式中　d_g——坯料直径,mm。

(2) 公称压力 P_g。公称压力是指辊锻机能够承受的最大径向辊锻力。公称压力是辊锻机设计和选型的主要依据,它是根据典型工件的辊锻力计算确定的,并以此指定辊锻机的系列。

(3) 锻辊直径 d。锻辊直径是指安装辊锻模处的辊轴直径。

锻辊直径的大小决定了辊锻模的尺寸和锻辊的刚度。锻辊直径大,刚性好,但是辊锻模的尺寸减小,影响其使用寿命和强度。综合考虑锻辊直径可按下式确定:

$$d \approx D/1.5$$

(4) 辊身长度 L。锻辊辊身长度是指能够安装模具的实际锻辊的轴向长度,其中不包括两端夹紧固定模具的部分。锻辊辊身长度长,安装的模具多,但是锻辊的刚度下降。综合考虑辊锻机的能力,可按下式确定锻辊辊身长度:

$$L = D$$

(5) 锻辊转速 n。锻辊转速应满足辊锻工艺的要求。对于制坯辊锻,变形量大,一般采用手工操作,轧制速度较慢,通常辊模分模面上的速度为 1.2 m/s 左右。对于成形辊锻,变形量较小,并且采用送料装置送料,能够满足快速轧制和准确喂入的要求,所以可以采用较高的辊锻速度。

(6) 锻辊开口度 ΔA。锻辊开口度是指两个锻辊中心距的调节范围,一般是上辊的移动量。锻辊开口度的选择应考虑操作方便,易于排除故障,同时,应尽量减小机架的高度和传动系统的尺寸,从而提高机架刚度,降低设备造价。根据锻模公称直径的不同,锻辊的开口度 ΔA 应大于 10~20 mm。

辊锻机的主要技术参数确定后,设备能够加工的最大坯料尺寸即可以估算出来,从而能够了解设备能力的大小。通常,可以按照下式计算可锻坯料的尺寸:

$$d_g = D/(6 \sim 8)$$

目前,国产辊锻机已经实现了系列化生产。表 6-2 所示的是双支撑辊锻机的技术参数,表 6-3 所示的是悬臂式支撑辊锻机的技术参数。

表 6-2 双支撑辊锻机的技术参数

型 号 项 目	D42-160	D42-250	D42-400	D42-500	D42-630	D42-800	D42-1000
锻模公称直径/mm	160	250	400	500	630	800	1000
公称压力/kN	125	320	800	1250	2000	3200	4000
锻辊直径/mm	105	170	260	330	430	540	680
辊身长度/mm	160	250	400	500	630	800	1000
锻辊转速/r·min⁻¹	100	80	60/40	50/32	40/25	30/20	25
锻辊开口度/mm	8	10	≥12	14	≥16	≥18	≥20
可锻方坯尺寸/mm	20	35	60	80	100	125	150

表 6-3 悬臂式支撑辊锻机的技术参数

型 号 项 目	D41-200	D41-250	D41-315	D41-400	D41-500
锻模公称直径/mm	200	250	315	400	500
公称压力/kN	160	250	400	630	1000
锻辊直径/mm	110	140	160	220	280
辊身长度/mm	200	250	315	400	500
锻辊转速/r·min⁻¹	125	100	80	63	50
锻辊开口度/mm	10	12	14	16	18
可锻方坯尺寸/mm	32	45	63	90	125

6.4 辊锻机的主要结构

由前所述,辊锻机主要结构包括机架、锻辊轴、锻模调整装置和主传动系统等,各部分的基本形式与二辊轧钢机类似。但是,由于辊锻工艺的特点,各部分的设计思想和方法与轧钢机设计有很大的差异。

6.4.1 机架

机架是辊锻机的主要部分,其质量约占机器总质量的一半。机架的设计包括机架形式确定、结构尺寸设计和材料选择等。

辊锻机的机架有整体式、组合式和分置式等 3 种形式,可以根据辊锻机的不同形式选用。

整体式机架是将底座、左右机架和横梁做成一体,有焊接件和铸件两种加工方式。整体式机架的特点是结构紧凑,有较高的强度和刚度,设备总体尺寸小,占地面积小,易于整体包装、运输和安装,对地基无特殊要求,设备外形美观。但是整体式机架的结构复杂,加工难度大,成本高,目前只用于悬臂式辊锻机。

图 6-10 是一种铸焊结构的整体式机架,机架的主要部分采用 Q235 钢板,靠近工作部位的前板厚度为 50 mm,轴承座采用 ZG35 的铸造镶块与前板和中间立板焊接在一起。因为工作侧承受最大的轧制载荷,所以使用更大的轴承和轴承座。

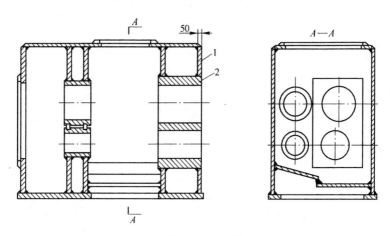

图 6-10　铸焊结构的整体式机架
1—前板;2—前轴承座镶块

整体式机架也可以采用铸铁(HT200～400)和铸钢(ZG35)材料。铸铁机架的减震性好,不易变形,铸钢机架具有较高的强度和刚度,并且可以焊接。铸造整体式机架适于批量生产。

组合式机架的左、右机架(牌坊)和设备的传动部分与底座是单独加工的,然后组装在一起。左、右机架之间由于距离较大,需要由横梁或拉杆连接在一起,以提高设备的轴向刚度。由于传动部分对机架有倾翻力矩,所以机架的安装应有足够的强度和刚度。

分置式机架的左、右机架与设备的传动部分不采用共同的底座,类似于二辊轧机的形式,机架和传动部分由联轴器连接在一起。由于上下锻辊的轧制力矩不同,两者不能抵消,其差值即为作用在机架上的倾翻力矩。分置式机架可以是移动式的,通过移动右机架来调整可轧工件的宽度,同时模具的安装也较为方便,还可以安装环形模具。铸造结构和铸焊结构的双圆孔型分置式机架如图 6-11 和图 6-12 所示。

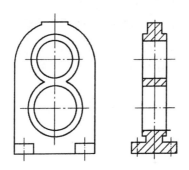

图 6-11　铸造结构的双圆孔型分置式机架

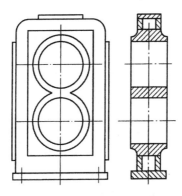

图 6-12　铸焊结构的双圆孔型分置式机架

分置式机架由于机架与传动系统通过联轴器相连,所以受传动力的影响较小,左、右机架承受的轧制力相差不大,便于机架、轴承等相关零件的设计,设备的装配和维修方便。但是分置式机架的辊锻机占地面积大,安装调整的技术要求高,设备的质量也较其他类型设备大。

通常,大规格的辊锻机采用分置式机架,小规格的辊锻机一般采用组合式机架或整体式机架。

辊锻机机架的强度计算与轧钢机机架类似,可以采用传统的轧钢机闭式机架的计算方法。其许用应力和安全系数的选取也与轧钢机机架计算类似,选用较低的许用应力和较大的安全系数。对于要求精确计算的产品,可以利用有限元分析方法确定机架各部分的应力分布。图 6-13 和图 6-14 分别给出了闭式机架的应力分布和变形状态。

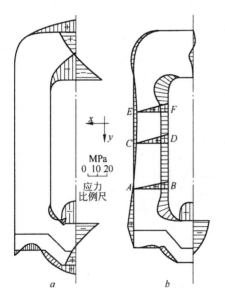

图 6-13　闭式机架的应力分布

a—x 向正应力 σ_x;b—y 向正应力 σ_y

图 6-14　闭式机架
的变形状态

表6-4给出了采用经典力学方法和有限元法计算的闭式机架的各点(见图6-13A～F)应力分布。

表6-4　闭式机架的各点应力分布

机架分析点				

数　值　　方　法		经典力学方法	有限元法	相对误差/%
应力/MPa	A	19	145	31
	B	−226	−262	−13.8
	C	−258	−211	22.3
	D	179.5	92	95.1
	E	26.1	−1	−2710
	F	97.6	79.5	23.4
垂直位移/mm	B/C	0.212	0.112	89.3

6.4.2　锻辊与轴承

锻辊相当于轧钢机的轧辊,其作用是传递扭矩和承担辊锻力。由于锻辊上要安装锻模,所以其结构要保证模具的准确定位和安装牢固。锻辊轴承用于支撑锻辊,并将辊锻力传递给机架。

锻辊的结构主要取决于辊锻机的结构,同时也与模具的固定方式、轴承形式和轴向定位的方式有关。图6-15是锻辊的典型结构,中间辊身部分用于安装模具,对于双支撑辊锻机,一般采用扇形模具,利用长键传递扭矩和周向固定,轴向固定则采用定位螺栓和定位块等零件。图6-16是扇形模具的固定方式之一。

锻辊轴承一般采用非液体摩擦的滑动轴承,这是由于辊锻机采用间歇式轧制,具有转速低、冲击大的工作特点所决定的。滑动

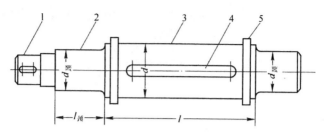

图 6-15　锻辊的典型结构

1—传动端；2—轴颈；3—辊身；4—键槽；5—轴身

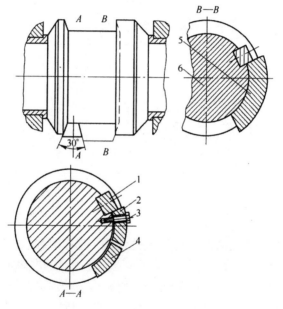

图 6-16　扇形模具的固定方式

1—平键；2、4—压块；3—螺钉；5—扇形模；6—锻辊

轴承具有工作可靠、耐冲击、承载能力大等特点，能够满足上述要求。滑动轴承的材料有铸造青铜、锌铝合金和酚醛胶木等。但是滑动轴承工作效率低，精度差，不能适应高精度辊锻机的要求，因此，先进的自动化辊锻机已逐渐采用滚动轴承。

锻辊的轴向固定可以利用轴瓦(轴套)的台阶,也可以用轴端挡板、螺母等常用的轴向固定方式(图 6-17、图 6-18)。

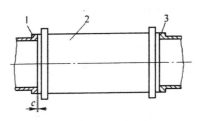

图 6-17　锻辊两端用轴瓦定位

1、3—轴瓦;2—锻辊

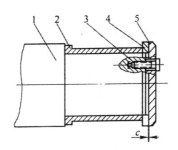

图 6-18　锻辊用端盖在非传动端定位

1—锻辊;2—轴瓦;3—螺钉;4—端面轴承;5—端盖

锻辊的强度设计与轧钢机轧辊的类似,通常要作弯扭组合的强度校核和变形及垂直刚度计算。锻辊的工作条件较为恶劣,要承受脉动的交变载荷,而且安装模具的辊身部分受到的瞬间接触应力很大,容易被模具啃伤或压塌。锻辊材料为轴类零件常用的材料,如 45 钢、40Cr、45MnB 和 40MnB 等,通常在粗加工后进行调质处理。为了提高辊身的接触强度,在有条件的情况下应进行滚压、氮化等表面硬化处理。

6.4.3　锻辊及模具的调整

与轧钢机的轧辊调整不同,辊锻机的锻辊和模具的调整是为了补偿由于加工、安装和零部件的变形所产生的间隙和误差,从而保证上、下模具之间的正确位置,满足辊锻精度的要求。常用的调整包括中心距调整、角度调整和轴向调整。

6.4.3.1　中心距调整

中心距调整机构与轧钢机的压下机构类似,只是调整量很小。中心距调整除了用于补偿微小的间隙和弹性变形外,主要是为了安装模具和排除故障方便。双支撑辊锻机系列参数中规定,中心距的调整量不小于 8~20 mm。较大的中心距调整量更有利于更改模具,便于扩大产品品种范围。

中心距调整机构有压下螺杆机构、偏心套机构和斜楔调整机构等。图 6-19 所示为一种典型的压下螺杆机构,压下通过手动完成,由蝶形弹簧起平衡作用。压下螺杆下面设置安全臼,以防止过载时发生事故。

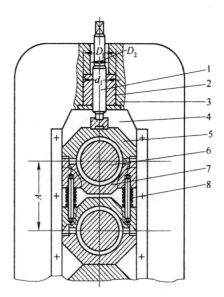

图 6-19　压下螺杆调整机构

1—压下螺杆;2—螺母;3—机架;4—安全臼;5—轴承座上盖;
6—上锻辊;7—上辊下轴承座;8—蝶形弹簧

偏心套调整机构有单偏心和双偏心两种形式,图 6-20 所示的是单偏心套调整原理图。下锻辊的轴颈装在偏心套中,轴颈中心与偏心套外圆有偏心距 e,偏心套端部装有扇形齿块与小齿轮啮合,传动轴转动使小齿轮及偏心套转动,从而使上锻辊和下锻辊之间的中心距发生变化。

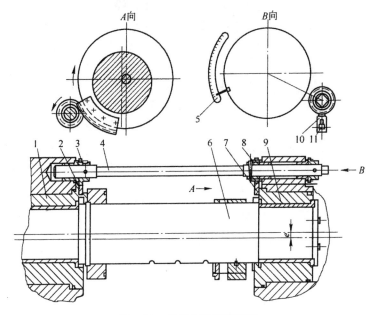

图 6-20 单偏心套调整原理

1—左偏心套;2、7—扇形齿块;3、8—小齿轮;4—传动轴;5—刻度牌;
6—下锻辊;9—右偏心套;10—止动块;11—螺钉

偏心套调整机构的优点是结构简单,调整方便,并且刚性好,使用于各类辊锻机。缺点是调整量小,调整后会引起模具在圆周方向的错移和辊锻线的微小倾斜。偏心套的偏心距一般取 20～30 mm。

斜楔调整机构如图 6-21 所示。通过手轮调整斜楔移动使锻辊轴承座向下移动,靠弹簧来复位。这种装置的刚性好,结构简单,但是调整量小。

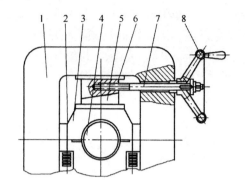

图 6-21　斜楔调整机构

1—机架；2—弹簧；3—上轴承座；4—锻辊；5—下楔块；

6—上楔块；7—螺杆；8—手轮

6.4.3.2　角度调整

角度调整的目的是保证上下模具在圆周方向上的偏差符合要求，使工件的成形准确。图 6-22 所示的是一种螺杆式角度调整机构，该机构的结构简单，调整方便，但是调整量小，机构的工作条件差，容易损坏。

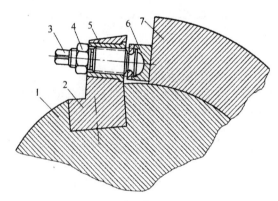

图 6-22　螺杆式角度调整机构

1—锻辊；2—定位键；3—螺杆；4—锁紧螺母；

5—螺母座；6—凹座；7—模具

利用调整套、四齿轮杠杆等装置也可以改变上下两个锻辊的相位,从而调整上下模具的位置,达到角度调整的目的。图6-23、图6-24分别是D41-400型悬臂式辊锻机角度调整机构和四齿轮杠杆式角度调整机构示意图。

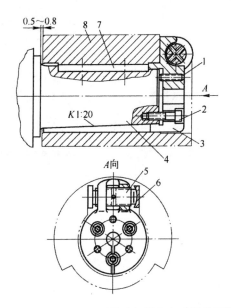

图 6-23　D41-400 型悬臂式辊锻机角度调整机构
1—紧定螺栓;2—螺栓;3—锥套;4—锻辊;5—调整螺杆;
6—球面垫块;7—平键;8—模具套

6.4.3.3　轴向调整

模具的轴向调整也是保证辊锻精度的重要环节。轴向调整可以通过调整模具的轴向位置或锻辊的轴向位置来实现。图6-25是一种锻辊轴向移动机构,调整时,先松开止动块8,然后旋转调整套4,使下锻辊相对上锻辊作轴向移动,对正模具。调整后,锁紧止动块,防止调整套松动。

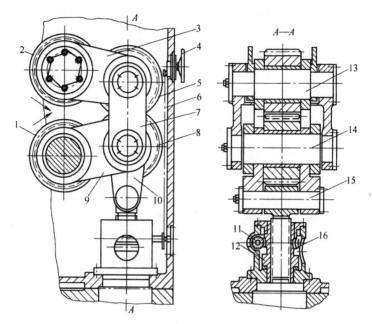

图 6-24　四齿轮杠杆式角度调整机构

1—下锻辊齿轮;2—上锻辊齿轮;3、7、9、10—连接板;4—手轮;5、8—浮动齿轮;
6—链传动;11、16—螺杆;12—蜗轮;13、14、15—轴

6.5　辊锻机的工作刚度

　　为了保证锻件的精度,应使辊锻机的工作机座具有足够的刚度。辊锻机的工作刚度包括垂直刚度、轴向刚度和角刚度。通常要保证垂直刚度达到规定要求,尤其对于精辊锻和冷辊锻,刚度的要求更为重要。与轧钢机的机架刚度的计算类似,可以利用机座刚度曲线来分析机座刚度。

　　辊锻机的垂直刚度仍然采用锻压设备常用的刚度指标 K 来衡量,即:

$$K = C_g/P_g$$

式中　　C_g——机器总的垂直刚度,kN/mm;

　　　　P_g——机器的额定公称压力,kN。

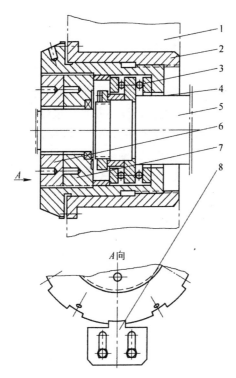

图 6-25 锻辊轴向移动机构
1—机身；2—套；3—止推轴承；4—调整套；
5—下锻辊；6、7—环；8—止动块

辊锻机的工作刚度直接影响工件的加工精度。目前，国内生
产的通用辊锻机的刚度指标 K 为 7～10，对于精辊锻和冷辊锻，
刚度指标还应更高一些。

对于轴向变形较大的辊锻过程，轴向刚度的要求也很重要。
为了提高辊锻机的轴向刚度，两个牌坊之间的连接应有较强的刚
度，也可以采用预应力结构。通常锻辊的轴肩与铜瓦之间的间隙为
0.10～0.30 mm。轴承座与机架之间的间隙为 0.05～0.15 mm。锻
辊的轴向间隙应能够调整，以保证锻辊能够灵活转动并具有一定

的轴向窜动量。

6.6　辊锻机的传动系统

辊锻机的传动系统应能满足辊锻工艺的要求,主要是要有足够的辊锻力矩、准确的转速并保证上下辊同步、传动机构能够满足锻辊和模具调整的要求、能够正反转并且有过载保护装置。

辊锻机的传动系统可以采用液压传动和机械传动两种方式。大多数辊锻机都采用机械传动,由电动机通过皮带轮和齿轮箱驱动锻辊旋转。其布置形式与机座形式相对应,有分置式和整体式两种,图 6-26 和图 6-27 分别给出了这两种布置方式的传动系统图。

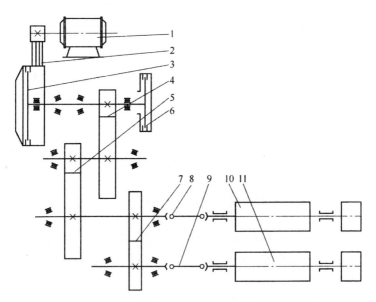

图 6-26　辊锻机分置式传动系统示意图

1—电动机;2—皮带;3—离合器;4、5—传动齿轮;

6—制动器;7—分配齿轮;8、9—万向接轴;

10—上锻辊;11—下锻辊

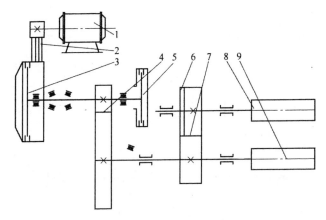

图 6-27　辊锻机整体式传动系统示意图

1— 电动机;2—皮带轮;3—离合器;4—传动齿轮;5—制动器;
6—浮动长齿轮;7—长齿型齿轮;8—上锻辊;9—下锻辊

　　分置式传动系统有较大的锻辊中心调整量,调整和维修方便,但是占地面积大,设备造价高。整体式传动系统与之相反,是目前采用较多的设备形式。

　　整体式传动系统结构紧凑,设备体积小,质量轻,因此是目前采用较多的形式。图 6-27 所示的是一种典型的整体式传动系统,为了能够利用齿高来调整轧辊的中心距,在两辊之间采用一对加长齿型的齿轮,齿顶高系数为 1.25,齿根高系数为 1.5。同时,为了消除因辊缝调整而产生的齿侧隙增大,采用一个刚性或弹性的齿轮片补偿侧隙,以保证传动平稳。

　　图 6-28 所示的是另一种整体式传动系统,该系统采用 4 个齿轮杠杆机构来实现辊缝的调整,这种结构的调整量较大,但是机构较为复杂。

　　与机械传动相比,液压传动有很多优点,如结构紧凑、维修方便、传动平稳、易于实现速度调节与控制等。目前,液压传动系统的应用已较为成熟,成为产品设计和设备选型的优选对象。液压传动辊锻机的工作原理如图 6-29 所示。

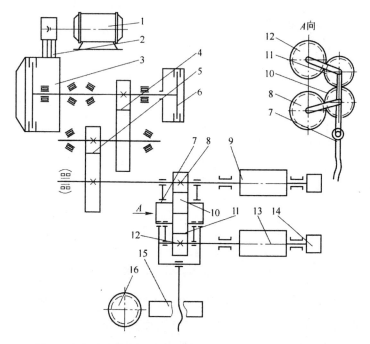

图 6-28 具有齿轮杠杆机构的辊锻机整体式传动系统示意图

1—电动机；2—皮带；3—离合器；4、5—传动齿轮；6—制动器；

7—杠杆系统；8—上锻辊齿轮；9—上锻辊；10、11—浮动齿轮；

12—下锻辊齿轮；13—下锻辊；14—外辊；15—蜗轮；16—蜗杆

  主液压缸 1 的活塞在高压油的推动下，经齿条 2 带动扇形齿轮 3 作往复运动，扇形齿轮 3 与传动齿轮 5 装在同一传动轴 4 上，再经过传动齿轮 6、8 使上、下锻辊 7、9 作正、反向转动。上锻辊的调整也由压下油缸 10 来实现。

  ·辊锻机的工作负荷特点是短时、周期性和峰值高，辊锻负荷时间是整个周期的 1/6 ～ 1/12，而辊锻力矩则是空负荷时的 100～150 倍。因此，利用飞轮来调节辊锻机的负荷特性是十分必要的。飞轮的使用与横列式型钢轧机中的选用方法类似。对于铸铁飞轮，其圆周速度为 20～25 m/min，对于铸钢飞轮，其圆周速度在 40 m/min 左右。

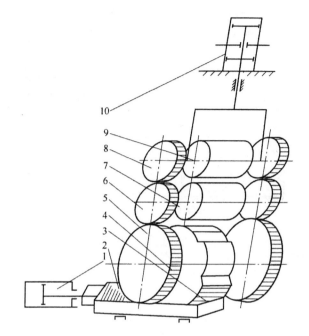

图 6-29　液压传动辊锻机的工作原理图

1—主液压缸；2—齿条；3—扇形齿轮；4—传动轴；5、6、8—传动齿轮；

7—上锻辊；9—下锻辊；10—压下油缸

6.7　辊锻机的辅助装置

6.7.1　安全装置

由于辊锻机辊锻过程中的冲击负荷较大,辊锻机过负荷保护的安全装置是必要的。

辊锻机的安全装置有 3 种形式,即安全臼、安全销和可恢复式压力保护装置。安全臼和安全销的设计使用与轧钢机中的同类装置相同,其结构如图 6-30 和图 6-31 所示。液压传动的辊锻机则采用液压保护回路来实现过载保护。可恢复式压力保护装置是一个具有过载自动卸荷功能的液压垫,其液压回路如图 6-32 所示。

液压垫安装在压下螺丝下面,当压力超过设定值时,液压垫卸荷,上辊抬起,同时机器停止运转。

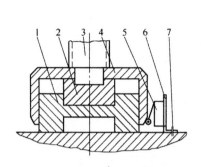 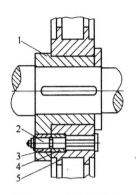

图 6-30　安全臼装置

1—安全臼;2—垫片;3—压下螺杆;4—防护罩;

5—微动开关;6—角铁;7—轴承座

图 6-31　安全销装置

1—轴套;2—保险销;

3、4—保险销套;5—齿轮

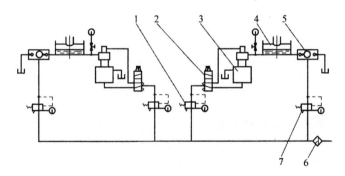

图 6-32　过载自动卸荷液压回路

1、7—调压阀;2—二位四通阀;3—卸荷阀;4—液压垫;

5—气动油泵;6—油雾器

现代辊锻机的传动系统中一般都设置有摩擦式离合器,当传递的扭矩超过离合器的许用值时,摩擦块打滑能够起到一定的过载保护作用。

6.7.2 辊锻机喂料装置

　　由于辊锻机的工作节奏很快,人工喂料的劳动强度很大,难以适应工艺要求,因此设置机械喂料装置是十分必要的。图 6-33 所示的是一个单工位液压辊锻机操作机械手,该装置可以实现坯料的夹紧和送进动作,通过液压系统的电磁换向阀实现喂料时"随动"。

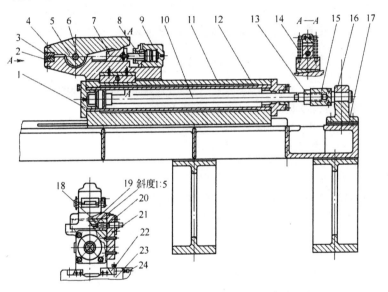

图 6-33　单工位液压辊锻机操作机械手

1—送料缸压盖;2、3—上、下钳口;4—下钳;5—上钳;6—销轴;7—斜楔块;
8—夹紧缸活塞杆;9—夹紧缸;10—送料缸活塞杆;11—送料缸缸体座;
12—送料缸缸体;13—螺母;14—弹簧;15—调整螺母;16—尾架;
17—调整垫;18—调整斜楔;19—斜楔;20—调整丝杠;21—支撑板;
22—压板;23—底座;24—调整螺钉

　　该装置的工作过程是:当坯料放置在钳口中时,夹紧缸 9 动作,使斜楔块 7 向左移动,将坯料夹紧;反之,斜楔块向右移动,弹簧将钳口松开,可取出坯料。通过调整丝杠 20 拉动调整斜楔 18

移动,使夹钳上下移动,以调节喂料高度。送料缸缸体 12 在活塞杆的推动下向左、右移动,实现进出料动作。

6.8　辊锻机的选用

在辊锻机的设备选择中,主要考虑工件的形状和尺寸以及复杂程度、产量的大小和工件的技术要求等因素。辊锻机的额定轧制力应大于工件的变形力。通常应在工艺分析的基础上选择辊锻机的规格型号。在没有详细资料的情况下,可以采用类比法作初步选择。辊锻机的规格型号与技术参数参见表 6-2～表 6-4。

参 考 文 献

1　日本塑性加工学会 . 压力加工手册 . 江国屏等译 . 北京 : 机械工业出版社 , 1984

2　张承鉴 . 辊锻技术 . 北京 : 机械工业出版社 , 1986

3　王廷溥 . 轧钢工艺学 . 北京 : 冶金工业出版社 , 1980

4　林法禹 . 特种锻压工艺 . 北京 : 机械工业出版社 , 1991

5　机械工业部机械研究院 . 国外压力加工概况及其发展趋势 . 1973(内部资料)

6　机械工业部机械研究院 . 金属压力加工 . 1973(内部资料)

7　李培武 . 塑性成形设备 . 北京 : 机械工业出版社 , 1995

8　中国机械工程学会锻压学会 . 锻压手册 . 北京 : 机械工业出版社 , 1993

9　刘军营 . 液压全自动变截面汽车板弹簧轧机的研制 . 中国机械工程 , 2002 , (12)

10　田硕 . 闸瓦销专用辊锻机压力及功率研究 . 锻压机械 , 2001 , (3)

11　朱成康 . 双支承辊锻机的联动型液压过载保护装置 . 锻压机械 , 1995 , (1)

12　侍慕超 . 90 年代初国内外锻压机械的发展概况 . 锻压机械 , 1996 , (2)

13　《锻工手册》编写组 . 锻工手册(第七分册) . 北京 : 机械工业出版社 , 1975

14　《机械工程手册 电机工程手册》编辑委员会 . 机械工程手册(第七分册) . 北京 : 机械工业出版社 , 1982

15　吉林工业大学锻压教研室编 . 辊锻机设计 . 1977(内部资料)

7 旋压设备

7.1 概述

旋压成形又称回转成形,其工艺过程(图7-1)是使板材或壳体类工件作回转运动,辊轮作为工具进行的成形。在成形过程中辊轮逐渐将板材压成芯模的形状。回转成形工艺可分为两种,即只减小圆板坯料外径而不减小壁厚的普通旋压和不改变外径只减小板厚的强力旋压。

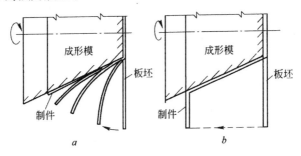

图7-1 旋压成形原理

a—普通旋压;*b*—强力旋压

旋压技术是板金属加工的一个重要领域,它具有工艺设备简单、加工精度高、材料利用率和生产效率高、便于变换产品品种等优点。由于板材生产的发展,板加工作为一种高效生产技术得到了愈来愈广泛的应用。旋压技术是由车床上的手工擀压金属板发展起来的,将金属板夹持在车床上使其旋转,然后用擀棒逐渐地加以擀压,金属板一点一点地变形,最后成为回转体类的零件。这种工艺称为手工旋压。随着技术的发展和产品品种的扩大,自动旋压机代替了手工旋压的普通车床。目前,自动旋压机已成为具有多种功能的系列化机床产品。随着计算机应用的普及,数控自动旋压机已成为旋压技术发展的主流。

旋压件产品的范围十分广泛,大部分为机械零件,如各种形状的管件、汽车轮辋和轮辐、发动机壳体及进气和排气口等。其他如照明器具、家用器皿、电器产品和仪器仪表的壳体等的用量也很多。各种容器的封头大多也是用旋压技术生产的。旋压工艺可以根据工件和旋轮的运动方式加以分类,通常分为拉深旋压、剪切旋压(锥形变薄旋压)、筒形变薄旋压、收颈、胀形、切边、卷边翻边、压纹或压筋以及表面光整和强化等。

旋压工艺可以加工厚度在 20 mm 以下的各种金属板材(表 7-1),

表 7-1 旋压机可以加工的板厚

机床类型	中心高度 /mm	可成形的最大板厚/mm			
		铝	铜	碳素钢	不锈钢
手工旋压机	400	3~4	3	2	1.25
自动旋压机	400	8	5	3	2.5
	600	12	7	6	3
	1200	18	14	11	5
	1600	20	15	12	5.5

最大的工件直径可达 3000 mm 以上。旋压技术有许多优点,主要有:

(1)尺寸精确,表面质量好。旋压加工可以替代机械加工,其精度完全能够达到要求,在某些场合甚至超过机械加工精度。例如,在双金属复合旋压液压缸的生产中,旋压成形可以直接得到最终产品。直径 150 mm 的容许公差可以在 ±0.05 mm 以内,表面粗糙度可以达到或超过普通机械加工的水平。

(2)力学性能高,产品质量好。由于旋压使得金属的晶粒沿流动方向再排列,并产生较强的加工硬化,因此材料的疲劳强度、屈服强度和抗拉强度均得到提高。

(3)工艺灵活,生产成本低。

由于旋压工艺的工具简单,更换方便,因此能够很快地改变产品种类和规格,适宜小批量、多品种生产。

(4)材料利用率高,适应范围广。旋压加工的材料变形均匀,精度高,压余和切边少,因此材料利用率很高。旋压加工适用于各种材料,包括碳素钢、不锈钢、铝、铜等常用金属板材,也可以加工钛、锆、钨、钼等难变形金属和金、银等贵金属。对拼接的焊接件,如焊接钢管也能够加工。

7.2 旋压设备的分类

旋压机的分类方法很多,这是由旋压产品的种类繁多所决定的。例如,旋压机可以根据加工方式分成手工旋压机和自动旋压机,根据材料的变形情况分为普通旋压机和强力旋压机等,根据产品的类型分为通用旋压机和专用旋压机等。自动旋压机的专业化生产已经很多,但是机型和规格尚没有标准化。

旋压机还可以按照工作压力的大小和旋轮数量来分类。按照设备能力,旋压机可以分为轻型旋压机(一个旋轮的旋压力小于100 kN)、中型旋压机(一个旋轮的旋压力为 100~400 kN)和重型旋压机(一个旋轮的旋压力大于 400 kN)。按照旋压机的旋轮数量,旋压机有单旋轮、双旋轮和多旋轮等几种类型。表 7-2 给出了旋压机的主要类型。

表 7-2 旋压机的主要类型

分 类 方 法	旋压机的类型
按材料的变形情况分类	普通旋压机
	强力旋压机
	与其他加工工艺联合旋压
按主轴位置分类	卧式旋压机
	立式旋压机
按旋轮数量分类	单旋轮
	双旋轮
	三旋轮
	多旋轮
	无旋轮

续表 7-2

分 类 方 法	旋压机的类型
按芯模相对工件位置分类	外旋压
	内旋压
按金属流动分类	正旋压
	反旋压
	正反旋压
按温度分类	冷旋压
	热旋压
按设备能力分类	轻型旋压机
	中型旋压机
	重型旋压机
按外形结构分类	机床型
	轧机型
	压力机型
	特殊型
按控制方式分类	手动旋压机
	仿形旋压机
	数控旋压机
	录返旋压机
按产品类型分类	筒形件旋压机
	锥形件旋压机
	异形件旋压机
	复合件旋压机
	通用旋压机
	专用旋压机

7.3 通用旋压机

由上节所述,旋压机可以分为通用旋压机和专用旋压机两大类,在结构上两者有较大的差异,因此可以将旋压机按照这两类来分别叙述。

在生产中大量使用的是通用自动旋压机,主要有卧式和立式两种形式。

7.3.1 卧式旋压机

通常使用的旋压机是卧式旋压机(图 7-2)。卧式旋压机类似于卧式车床,故又称之为机床型旋压机。卧式旋压机主要由装卡芯模的主轴箱、安装旋轮的旋轮架、顶紧板料的尾座和床身等组成。由于旋压力远大于金属切削力,所以传动功率和各部分的结构强度要大于车床。特别是加大了旋轮对芯模的顶压力和纵向进给力,加大了旋轮架的滑动面,提高了机床的刚度,使其成为具有重型机械结构的金属压力加工设备。

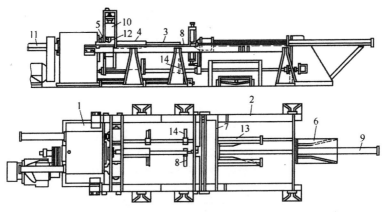

图 7-2 卧式旋压机

1—主油箱;2—床身;3—芯棒;4—管坯;5—卡盘;6—尾座;

7—横向支架;8—定心机构;9、11、13—油缸;

10—旋轮架;12—旋轮;14—上料臂

与车床相比,通用自动旋压机结构上的主要特点是:

(1)芯模与主轴的安装特点。与车床相比,旋压机的旋压力很大,主轴要承担很大的轴向力和径向力。因此芯轴的安装要保证工件的稳定,通常是利用锥形体和法兰来安装芯轴。图7-3所示的是3种常用的安装方式,这些安装方式既能够承受足够的旋压力,又便于快速装卸芯模,以适应多品种、小批量的生产。

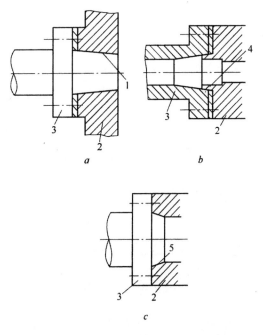

图 7-3　主轴与芯模的安装方式

a—第一种方式;b—第二种方式;c—第三种方式

1—锥体;2—芯模;3—主轴法兰盘;4—锥体(利用弹性变形);5—短锥体

为了便于卸下成形后的旋压件,旋压机上装有顶件装置(图7-4)。一根安装在空心主轴上的顶杆,由液压缸推动,将旋压件从芯模上顶出。

(2)旋轮与旋轮架的安装特点。旋轮的安装与车床的刀具不同,采用轴向固定方式将旋轮装在旋轮臂上,如图7-5所示,然后

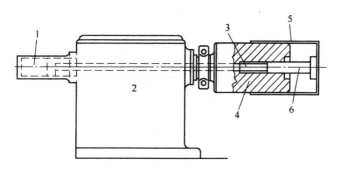

图 7-4 顶件装置

1—油缸;2—主轴箱;3—顶杆;4—芯模;5—工件;6—顶料器

再将旋轮臂装在旋轮架上。有时为了提高工作效率,将两个旋轮串接在一起。图 7-6 所示的是旋轮臂的 3 种安装方式。图 7-6a 所示的安装方式结构刚性好,安装位置不变,适用于大批量生产。图 7-6b、c 所示安装方式的旋轮外伸量和倾斜度可调,适应性强。在有些场合,采用擀棒对工件进行精旋,为此可安装自动换轮(擀棒)装置,使各道工序按程序进行。

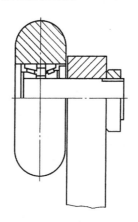

图 7-5 旋轮的安装

(3) 旋轮控制装置的特点。除了手工旋压外,旋轮的控制大多采用仿形装置来实现。该装置一般采用液压伺服阀或电液伺服

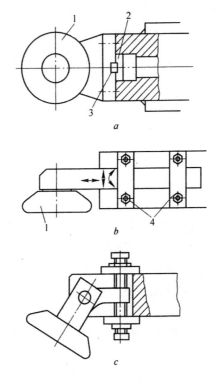

图 7-6　旋轮臂的安装方式

a—第一种方式；b—第二种方式；c—第三种方式
1—旋轮；2—定心轴；3—定位键；4—压板

阀,可以实现多道次的循环仿形旋压。如图 7-7 所示,活动模板慢慢旋转,控制着仿形器的运动,从而控制与其联动的旋轮的运动,直到旋轮的运动与固定模板一致为止。活动模板可以做旋转运动和平移运动,可以连续运动,也可以作周期性间歇运动,根据工件的形状和材料选用。

　　为了充分发挥旋压机的功能,满足工件的一些辅助技术要求,旋压机还可以配置一些辅助装置。如装卡工件的定心机构、工件的切边装置和卷边装置等。为了防止板料在拉深旋压初期起皱,需配置反推辊(图 7-8),使板料逐步变形。一个形状复杂的工件

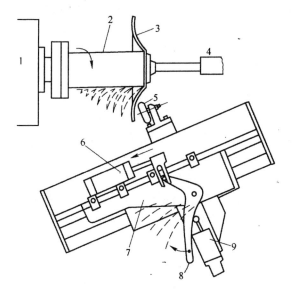

图 7-7 旋轮的仿形控制装置

1—主轴;2—芯模;3—工件;4—尾顶杆;5—旋轮;6—油缸;
7—固定模板;8—活动模板;9—仿形器

从板料的安装定位和旋压成形,完成必要的辅助工序,直到卸下工件的全过程可以采用顺序控制。还可以采用更为先进的微型计算机进行程序控制,更方便地改变工艺顺序。

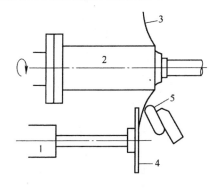

图 7-8 反推辊装置

1—油缸;2—芯模;3—工件;4—反推辊;5—旋轮

为了增强自动旋压机的功能,还可以增设其他辅助装置。例如,主轴的驱动采用无级变速器或调速电机,防止芯模受热膨胀的冷却装置,保持液压传动系统稳定的液压油温控装置等。

7.3.2　立式旋压机

立式旋压机(图 7-9)的功能与卧式旋压机的基本相同,其结构与压力机类似,故又称为压力机型旋压机。立式旋压机的高度大,敞开性好,便于一些大型工件和工具的装卡和卸下。由于主轴安装位置的限制,主轴的驱动功率和承载能力不能太大,所以普通立式旋压机多用来加工轻薄的工件,也可以对冲压件、薄壁管件进行再加工。立式旋压机的操作空间比较大,可以安装两个或三个旋压头和仿形装置。这样使板料的变形较为均匀,生产效率也较高。

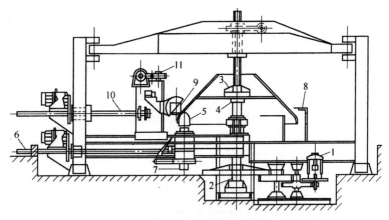

图 7-9　立式旋压机

1—主电机;2—主轴;3—上滚筒;4—下滚筒;5—内辊;6—内辊水平轴;7—内辊垂直轴;8—炉壁;9—外辊;10—外辊水平轴;11—外辊垂直轴

通用旋压机由于适应性强,市场需求量大,因而可以批量生产。随着板料加工生产的日益增长,通用旋压机的产量和品种规格还会有较大增长,设备的装备水平也会不断提高。

7.4 专用自动旋压机

由于在汽车、家用器具、照明器具以及各种机械零件的生产中大量使用板料成形加工,专用自动旋压机的发展很快。尤其像皮带轮、变截面管件等一些形状特殊、批量较大的产品,采用专用自动旋压机生产效率会得到很大的提高。有些旋压产品形状复杂,要求的设备专用性很强,必须使用专用自动旋压机。常用的专用自动旋压机主要有:轻型板料成形旋压机、筒形件变薄专用旋压机、管端成形专用旋压机、封头成形专用旋压机。

7.4.1 轻型板料成形旋压机

轻型板料成形旋压机主要用于板料的边部成形,可以生产盘类零件。最常用的是皮带轮旋压机。板料旋压生产的皮带轮质量轻、强度高、体积小,在车辆生产中应用十分广泛。

表 7-3 是我国某厂生产的一种 VPS-30 型立式数控皮带轮旋压机床的主要技术参数。该皮带轮旋压机床采用立式结构,有 3 个由计算机自动控制的全液压驱动的旋轮,适用于旋制各种形式的板制皮带轮,尤其适合于旋制多 V 形皮带轮和劈开式皮带轮。为适应旋

表 7-3　VPS-30 型立式数控皮带轮旋压机床的主要技术参数

项　目	数　据
轴向最大压力/kN	380
径向最大压力/kN	125
主传动油泵电机组功率/kW	22
节流调速泵站电机功率/kW	6.2
顶压缸活塞杆行程/mm	250
径向缸活塞杆行程/mm	100
各缸工进速度范围/mm·min^{-1}	50～300
各缸快进速度范围/mm·min^{-1}	1200～1800
主轴转速/r·min^{-1}	100～500
机床生产效率/件·min^{-1}	1～3
设备质量/t	4.8

制多 V 形皮带轮的要求,该机床在结构上具有如下特点:

(1) 机床主体结构为三梁四柱式。三梁四柱式机床结构有利于承受旋制多 V 形皮带轮所需的较大轴向力和径向力。为增加主机的刚度,采用类似液压机的三梁四柱式结构,其中包括两个固定式平台(上、下平台)、一个活动平台、四根立柱及基座等部分。

主轴部件装在主机架的下平台,顶压部件装在活动平台上,由顶压缸(亦称垂直缸)推动活动平台沿四根立柱作上、下运动,改变此两大部件之间的轴向距离,以完成对工件的压紧、成形与分离动作。装在下平台上的三个旋轮座对工件进行加压,主轴旋转,在轴向与径向两个方向上对工件进行加压,完成工件的旋压成形工作。

(2) 上、下主轴的同步回转系统。板制皮带轮旋压过程中常因工件与安装在上主轴上的顶压座发生打滑(由于瞬间摩擦力不足),而造成工件表面划伤、粘结,严重损伤工件表面质量。为避免打滑,该机床采用上、下主轴同步回转机构,保证下主轴(在下平台的下主轴部件内)和上主轴(在活动平台的顶压部件内)的同步回转。

(3) 自动出件机构。在旋制折叠式板制皮带轮以及多 V 形皮带轮时,工件常因旋压后发生变形而卡在止扣内,造成出件困难,影响生产效率。为解决多 V 形皮带轮旋压成形后出件难的问题,在 VPS-30 型立式旋压机上设计了自动出件机构。当旋压工序结束后,用出件机构将工件从胎具上顶出。

(4) 偏心机构。在主轴部件的中心部位装有偏心-支撑轮机构,在旋制双槽或三槽板制皮带轮时,内支撑旋轮在轮槽旋压过程中对工件内壁进行支撑,在预旋压成形时起分料作用;在最终成形时,内支撑旋轮的两个锥面对工件的“槽脊”的两侧起支撑作用。在皮带轮旋压过程中,内支撑旋轮应能随着工件轴向缩短而下移。由于有自动出件机构,内支撑旋轮可以不回中。

(5) 旋轮装置。一般板制皮带轮旋压机多为两旋轮座式,为了适应多 V 形皮带轮和劈开式皮带轮旋压工艺的要求,本机床采用三旋轮座式。根据皮带轮的种类不同,如折叠式皮带轮、多 V 形皮带轮以及劈开式皮带轮等设计不同的旋轮装置。

(6) 径向缸限位机构。VPS-30 型立式旋压机上专门设置了径向限位机构,其主要作用是在液压系统或控制系统偶然出现故障时,避免旋轮与模具相撞。

(7) CNC 四轴数控系统。根据设计任务对控制系统提出的要求,系统采用了 Pentium 级工业控制机作为控制系统的主机,使系统成为 CNC 四轴数控系统,可控制机床作单轴运动,也可以四轴联动。在软件平台上装备有以下功能软件:

1) 工件毛坯的图形显示及加工工艺参数的计算;

2) 根据皮带轮产品旋压工艺要求,编制产品加工程序和修改程序;

3) 机床运动(手动、分段调试、自动)控制,并可设置浮动零点;

4) 机床报警系统及系统故障自诊断功能;

5) 各种工作状态备有进入操作的汉字菜单,供用户方便使用。

7.4.2 筒形件变薄专用旋压机

筒形件的应用十分广泛,各种直径的变截面的管件都可以用旋压的方法进行加工。与机加工工艺相配合,可以制造各种机械零件。对于轻型的筒形件可以使用通用旋压机,但是对于较大的筒形件,由于尺寸大、管壁厚,有时还必须进行热旋压,所以采用大型专用旋压机更为合适。此类旋压机装有刚性很大的三角框架式鞍座,用于安装旋轮架。鞍座能够相对主轴中心线平移运动,以进行筒形件的正旋压和反旋压。由于管壁很厚,需要多道次旋压,因此大型专用旋压机还配备有多道次仿形装置,能够自动控制旋轮的横向进给量。又因为变形量很大,设置了大流量的循环冷却润滑装置,以消除变形热。为了便于上下工件,还配备的上料和卸料装置。图 7-10 是一台管材旋压机示意图,该机利用装有三个旋轮的移动式旋轮架,对旋转的管坯进行强力旋压,使之减壁、延伸。

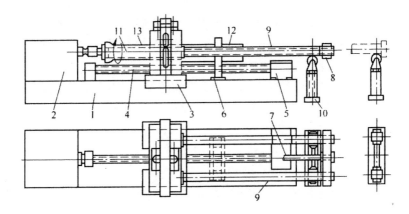

图 7-10 管材旋压机

1—机座；2—主轴箱；3—移动式旋轮架；4—旋轮架移动丝杠；5—丝杠移动装置；
6—管坯移动支架；7—芯棒拉杆；8—框架横梁；9—框架拉杆；10—托辊；
11—芯棒；12—管坯待旋压段；13—已旋压好的管材

7.4.3 管端成形专用旋压机

管端加工是管材使用中重要的加工工序之一，缩径、增厚以及封底等是管端加工的主要形式。为此，可以采用专用的管端旋压机来生产相应的产品。例如，生产高压气瓶的专用旋压机能够旋压出直径 25～40 mm、长 200～6000 mm 的各种气瓶。成形是通过旋轮在水平面内的转动使管端逐渐收缩，经过多道次的拉伸旋压完成的。

简易的管端旋压机类似一台加长车床，机器的一侧设置燃气加热箱，管坯的头部伸入内部加热后，由拨料装置将其拨入床身中，再由液压缸推向旋压头。推力和旋压力的共同作用使管端缩径或收口。图 7-11 所示的是一台管端热旋压机，其特点是采用数控技术，由旋压头和鞍座的三坐标联动来实现旋轮的进给。机床的主轴是装有弹簧夹头的空心轴，将管坯插入轴内，由火焰喷枪将管坯加热到 1100℃ 左右，然后进行热旋压。

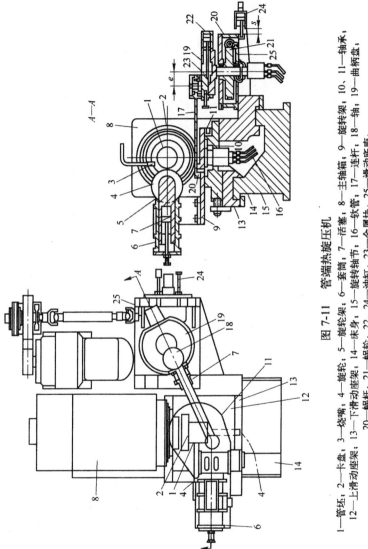

图 7-11 管端热旋压机

1—管坯；2—卡盘；3—烧嘴；4—旋轮；5—旋轮托；6—套筒；7—活塞；8—主轴箱；9—旋转架；10、11—轴承；12—上滑动座架；13—下滑动座架；14—床身；15—旋转轴节；16—软管；17—连杆；18—轴；19—曲柄盘；20—蜗杆；21—蜗轮；22、24—油缸；23—金属块；25—滑动底座；

7.4.4　封头成形专用旋压机

封头的尺寸规格很多,采用冲压成形是很不经济的。旋压成形可以方便地改变产品规格,所以大多数封头都是采用旋压方法生产的。常用的封头生产设备是封头成形旋压机(图 7-12),工作时将预制好的盘形半成品装卡在两个旋轮之间,利用边部旋压加工曲面封头。该设备可以进行冷旋压或热旋压,将坯料的一侧置于炉壁之间加热,而在另一侧作旋压加工。如果在热状态下对厚板料的边部进行径向热深切,然后再用成形辊作扩展旋压,可以生产滑轮类零件。

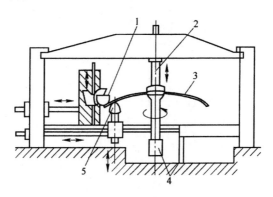

图 7-12　封头成形旋压机
1—外旋轮;2—毛坯的支撑轴;3—工件;4—主轴;5—内旋轮

7.5　旋压机的技术参数

为了实现旋压工艺过程,并且达到要求的技术指标,必须选择合适的旋压设备,配备合理的工艺装备,从而获得良好的产品质量和较高的经济效益。旋压机的技术参数是设备设计制造和工艺设计中设备选型的主要依据。

目前,各种类型的旋压机大多已经实现了系列化生产,产品生产所需要的设备形式和生产能力可以根据旋压机的规格系列选定。对于特殊形式的产品也可以参照现有的设备类型进行专门设计制造。

7.5.1 旋压设备设计的工艺因素

为了满足旋压工艺要求,设备设计应考虑的工艺因素主要有以下几个方面:

(1) 工件的工艺性。从生产角度要求,旋压机应尽可能适应较广的产品范围,即做到一机多能。然而,从生产效率和设备结构上考虑,则应当使设备专门化。因此,在设备设计和选型中需要综合考虑这两方面的因素。

(2) 旋压件材料和变形参数。工件的材质对设备的要求有很大的差别,不同材料和热处理状态的工件有不同的旋压力能参数、工装设计和工艺规程,相应的变形参数也不同,因此对设备也有不同的要求。

(3) 工件的几何尺寸与形状。工件的几何尺寸决定了旋压机的外形尺寸和相应的设备精度,对于大型工件的旋压加工,工件的装卡和旋压头的进给精度是很重要的。此外,工件形状的复杂程度也是考虑设备结构的因素之一。

7.5.2 旋压机的主要技术参数

旋压机的主要技术参数包括:

(1) 力能参数。旋压机的力能参数包括旋轮径向压力、旋轮座的纵向推力和尾座对工件的顶推力等。对于强力旋压,旋压力与板料的材质、厚度以及变形量有关。

(2) 速度与位移参数。速度与位移参数包括主轴转速、旋轮座的纵向进给速度。转速和进给量是与旋压机生产能力和旋压质量有关的重要参数。

(3) 几何参数。几何参数是指所加工工件的径向和轴向尺寸。几何参数决定了旋压机的设备尺寸和质量大小。

表 7-4～表 7-6 是国内外旋压机制造厂生产的各种类型旋压机的主要技术参数。

表 7-4　青海重型机床厂生产的旋压机主要技术参数

产品名称	型号	最小坯料直径/mm	最小工件直径/mm	最大旋压长度/mm 正/反旋体形	最大旋压长度/mm 反旋直管	旋轮座纵向推力/kN	旋轮径向压力(每个旋轮)/kN	尾座顶推力/kN	主轴转速范围/r·min⁻¹	旋轮座纵向进给量/mm·min⁻¹	电机 主电机功率/kW	电机 总容量/kW	电机 台数/台	净重/t	外形尺寸(长×宽×高)/mm×mm×mm
强力旋压机	QX63-20A	300	60	2000	3000	400	200	100	80~630	10~800	75	112	8	42	9930×5230×2787
数控强力旋压机	QXK63-10	400	40	1200	2400	180	100	60	68~600	0~1100	37	61	6	25	8095×5215×2731
自动成形普通旋压机	PXZ-450	890	中心高450	中心距1250		65	65	50	9级 160~1000	0~5000	18.5	41	4	10	3855×2400×2415
轮辋锁圈成形旋压机	QZ-025	600	400	250	12	550	500	44~117	3级 80~111	0~1000	110	179	6	31.5	7131×5085×2230
轮辋辋底旋压机	QZ-026	600	400	250	12	550	500	44~117	6级 150~313	0~1000	110	179	6	28.9	7131×5085×2230
轮辋辋角扩旋旋压机	QZ-027	600	400	250	12	550	500	44~117	3级 80~111	0~1000	110	179	6	29.3	7131×5085×2230
轮辋旋压机	QZ-028	600	400	250	12	550	500	44~117	12级 80~313	0~1000	110	179	6	32.3	7131×5085×2230

表 7-5　美国辛辛那提公司强力旋压机技术参数

旋压机系列	26×20	32×16	45×20	45×50	60×60	75×100
形式	卧式	立式	卧式	卧式	卧式	立式
工件最大直径/mm	660.4	813	1143	1143	1524	1005
工件最大长度/mm	508	406.4	508	1270	1524	2540
工作压力/kN	18	272	36	226.8	340	1134

旋压机系列	26×20	32×16	45×20	45×50	60×60	75×100
纵向进给行程/mm	508	406.4	508	1372	1651	3175
横向进给行程/mm	356	381	559	622.3	813	1076
尾座行程/mm	559	584.2	508	2023	2286	3175
电机功率/kW	7.8	136	14.9	55.9	141.7	261
设备质量/t	2.9	41.3	7.7	35.4	66.2	294.8

表 7-6 日本三井公司旋压机技术参数

型　　号	HSP400S	HSP800S	HSP1200S	HSP2000S	HSP-600
坯料最大直径/mm	400	800	1200	2000	600
坯料最大厚度/mm	2.3	3.2	4.5	9	4.5
制品最大长度/mm	200	400	600	800	200
旋压力/kN	10	15	35	85	20
旋轮数/个	1	1	1	1	2
主电机功率/kW	3.7	7.5	15	30	7.5

7.6　旋压力能参数计算

7.6.1　旋压力的计算

　　在金属旋压工艺过程中,变形力的计算是十分重要的。由于旋压件的种类繁多,工艺条件不同,所以旋压力的计算也较为复杂。不同形状的工件和旋轮使变形金属有不同的受力状态。一般情况下,有内模旋压(强力旋压)过程,变形金属处于三向压力状态,而无内模旋压则为两压一拉应力状态。

　　旋压力的理论计算公式很多,对于锥形件的强力旋压过程大致有纯剪变形计算法等 5 种计算方法。类似于切削力的计算,三向压力状态下的旋压力可以分解为切向力 P_t、径向力 P_r 和轴向力 P_z 三个分量,并且有:

$$P = P_t + P_r + P_z$$

若按照纯剪切变形的计算方法,三个分量的计算方法分别为:

切向力按下式计算:

$$P_t = f t_0 C \left(\frac{1}{\sqrt{3}} \cot\alpha \right)^{n_0 + 1} \sin\alpha$$

式中　f——旋轮进给量;

　　　t_0——毛坯的厚度;

　　　α——芯模的半锥角;

　C、n_0——与材料有关的常数。

表 7-7 给出了由实验确定的常用旋压材料的 C 和 n_0 值及力学性能数据。

表 7-7　常用旋压材料的 C 和 n_0 值及力学性能数据

材　　料	σ_s/MPa	σ_b/MPa	C/MPa	n_0
LF21M	63	106	177	0.21
LF2M	90	177	275	0.16
LY12M	104	166	246	0.13
10F	252	310	547	0.23
20F	236	391	637	0.18
30CrMnSi	388	609	924	0.14
1Cr18Ni96Ti	357	652	134	0.34
T2	174	220	411	0.27
H62	161	320	672	0.38

径向力和轴向力可以按照下列公式计算:

$$P_r = P_t F_r / F_t \qquad P_z = P_t F_z / F_t$$

式中　F_r、F_t 和 F_z——分别为旋轮与工件接触表面在径向、切向和轴向的投影面积。

三个方向的投影面积可以由作图法或解析法求得(图 7-13)。

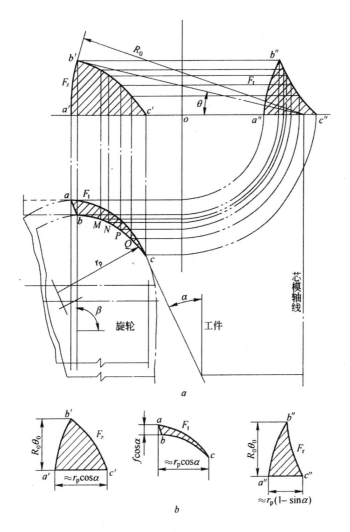

图 7-13　变形区在三个坐标方向的投影面积
a—作图法；b—解析法

按照解析法，可以分别按近似三角形来处理，其结果为：

$$F_t \approx \frac{1}{2} f r_p \cos^2 \alpha$$

$$F_r \approx \frac{1}{2} r_p (1 - \sin\alpha) R_0 \theta_0$$

$$F_z \approx \frac{1}{2} r_p \cos\alpha R_0 \theta_0$$

式中　R_0——工件轴线到变形区开始点的半径；

　　　θ_0——变形区旋轮压入深度的夹角；

　　　r_p——旋轮的工作圆角半径。

这样，径向力和轴向力的计算公式为：

$$P_r = P_t \frac{1 - \sin\alpha}{f\cos^2\alpha} R_0 \theta_0$$

$$P_z = P_t \frac{R_0 \theta_0}{f\cos\alpha}$$

还可以按照其他方法计算旋压力。一般情况下，旋压过程更类似于轧制过程，所以借用轧制力的计算方法计算旋压力也是可行的。

7.6.2　尾座顶推力的计算

尾座顶推力的作用是不使坯料与芯模之间产生相对转动。为了使旋压过程顺利进行，尾座必须有足够的顶推力。尾座顶推力可以根据坯料与芯模端面的摩擦力矩应大于切向旋压对工件产生的旋转力矩来计算。

根据经验数据和实测结果，尾座顶推力 F_d 与径向旋压力 F_r 的关系为：

当采用一个旋轮时：

$$F_d = 0.3 \sim 0.9 F_r$$

当采用两个旋轮时：

$$F_d = 0.7 F_r$$

7.6.3　主轴转速的选择

主轴的转速范围应能够满足最大和最小工件对旋压线速度的要求。一般钢料允许的旋压线速度是 $200 \sim 300$ m/min。最低转速应能使最大工件在最低线速度下旋压,最高转速应能使最小工件在最高线速度下旋压。

为了提高效率和保证加工质量,在旋压过程中,应尽可能不改变工件的线速度,主轴的转速作相应的变化。

7.6.4 主电机功率的计算

主电机功率的计算公式为:

$$N = M_t n / (975000 \eta)$$

式中　M_t——负载力矩;

　　　n——主轴转速;

　　　η——传动效率。

$$M_t = F_t R = (0.02 \sim 0.06) F_r R$$

式中　R——工件的回转半径。

7.6.5 旋轮进给速度的计算

纵向进给量 S 应与主轴转速 n 及每转进给率 s 相适应,即:

$$S = ns$$

横向进给量根据加工对象的型面与纵向移动速度相适应,使旋轮能做正常的仿形运动。

7.7 旋压机的基本结构

普通旋压机的结构与机床类似,主要部件包括床身、主轴、进给装置、旋轮座和尾座以及主传动装置。

7.7.1 床身

床身是旋压机的主要部件,其质量占设备总质量的一半以上。床身装置应具有足够的强度和刚度、良好的减震性和耐磨性,以减少加工过程中主轴与旋轮座的变形、偏摆及振动,因为强力旋压件的厚度精度是由旋轮与芯轴之间的间隙来保证的。

床身的结构应便于制造,旋压机的床身有铸造和焊接两种形式。铸造床身的材料一般为灰铸铁,减震性和耐磨性好,适于批量生产。而焊接床身的制造工艺灵活,结构轻巧,易于根据旋压工艺的需要改变床身的结构。铸造床身的导轨可以直接加工出来,而焊接床身则需要镶嵌具有减震性和耐磨性的导轨。常用的导轨材料有铸铁、钢、有色金属和工程塑料等。

工程塑料导轨具有很多优点,如摩擦系数低、耐磨性好、抗撕裂能力强、在较宽的速度范围内承载能力较高以及生产成本低等。缺点是导热性和耐热性差,允许的工作温度较低。

7.7.2　主轴

旋压机的主轴用于工件的旋转,承受着主要的旋压力和力矩,因此应保证其强度、刚度和传动精度。图 7-14、图 7-15 是两种主轴的结构形式示意图,两者的传动方式不同,图 7-14 的主轴采用轴端传动,承载能力较小,而图 7-15 的主轴与车床的主轴类似,采用空心轴,在两支撑座之间传动,能够传递较大的扭矩。

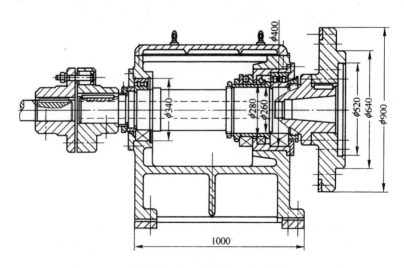

图 7-14　SY-3 型旋压机的主轴箱

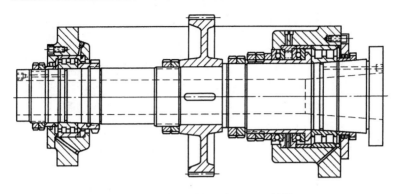

图 7-15　中间传动的旋压机的主轴箱

　　与车床类似,主轴与旋轮之间应有确定的运动关系,从而实现稳定的旋压过程,保证旋压精度。主轴运动与旋轮运动的联系方式有人工、机械、液压和电气等方式(图 7-16)。目前广泛采用的是液压联系方式,即主传动采用电动或液压驱动,旋轮架的纵向和横向进给也都采用液压传动。

　　采用液压传动主轴的旋压机具有结构简单、响应速度快、运动平稳和效率高等优点,易于实现自动化。图 7-16h 所示的是液压—机械驱动系统。液压马达通过齿轮减速器传动主轴,使芯模和工件旋转;同时又经过另一个齿轮减速器传动丝杠,使主轴系统移向旋轮,旋轮架是固定在床身上的。

　　电气联系方式也具有明显的优点,通过各种传感器获取的电信号经过计算机处理后传输到执行机构,从而形成电随动系统。电随动系统的惯性小,灵敏度高,易于实现模块化设计。图 7-16g 是一种数控式电—液驱动系统。数控的指令由计算机提供,输出后由执行元件步进电机或伺服电机传动相关的液压元件,使旋轮架作纵、横两个方向的运动,从而获得旋压工艺所需要的合成运动轨迹。

　　与车床类似,旋压机的主轴箱多具有变速机构。变速机构分有级和无级两种形式。无级变速更适合于旋压工艺过程,所以应用日益广泛。对于旋压工艺过程,要求主轴箱除具有通常传动装置

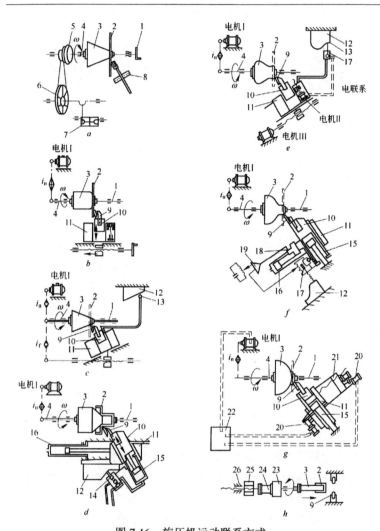

图7-16　旋压机运动联系方式

a—手工普通旋压机；b—手动和机械联合式旋压机；c—通过机械联系的仿形旋压机；
d—液压随动系统的仿形旋压机；e—电随动系统的仿形旋压机；f—电-液联合
随动系统的仿形旋压机；g—电-液数控旋压机；h—机械-液压旋压机

1—尾座；2—坯料；3—芯模；4—主轴；5—塔轮；6—飞轮；7—踏板；8—工具架；9—旋
轮；10—横向滑架；11—纵向滑架；12—仿形板；13—触销；14—液压仿形阀；15—横向油缸；
16—纵向油缸；17—电子仿形头；18—电液伺服阀；19—电放大器；20—步进电机
（或伺服电机）和液压随动阀；21—纵向进给箱；22—计算机；23、25—齿轮减速箱；
24—油马达；26—丝杠和螺母

的性能外,还应具有以下特性:

(1) 运动特性。旋压工艺过程对主轴箱运动特性的要求是运动平稳,调速范围宽,对转速差的要求并不像机床那样严格。

(2) 功率和扭矩。与切削机床相比,旋压力更大一些,所以要求主轴既能够传递较大的功率,也能传递较大的扭矩,因此在传递动力的零件设计中有更高的要求。

(3) 结构性能。旋压机的主轴箱应有较高的刚度、强度、耐磨性和减震性,从而保证工件的旋压精度。强力旋压机的主轴轴承应能够承受较大的旋轮座的径向力和尾座的轴向工作压力,轴承应有较好的冷却与润滑。

图 7-17、图 7-18 和图 7-19 分别是 SY-3 型旋压机的主传动系统、主轴变速箱和交换齿轮的变速机构的示意图。

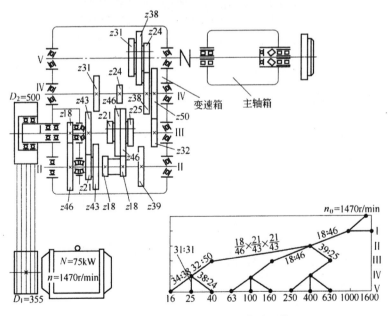

图 7-17　SY-3 型旋压机的主传动系统

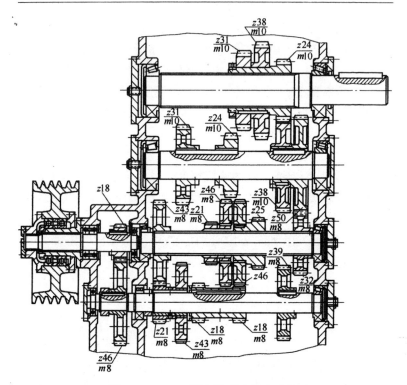

图 7-18　SY-3 型旋压机的主轴变速箱

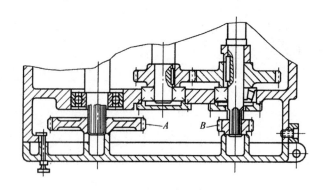

图 7-19　交换齿轮的变速机构

7.7.3　进给装置

　　进给装置是使旋轮产生纵向进给和横向进给的机构。通常，在旋压过程中只作连续的纵向进给。为了满足旋压工艺的要求，进给装置应有一定的调速范围。进给装置由进给箱和传递机构组成。进给箱可以按照驱动方式分为两种形式，即主轴传动式和单独传动式。主轴传动式与机床拖板传动的形式相同，单独传动是采用单独的动力装置如电机、液压缸或油马达等驱动旋轮架。进给装置的速度调节也有齿轮有级变速和无级变速两种。

　　由于油马达驱动具有传动平稳、无级调速、效率高、换向惯性力小和结构紧凑等优点，所以成为旋压机纵向进给的主要方式。图 7-20 是 XC-550 型旋压机的进给箱，进给箱体固定在机身上，通

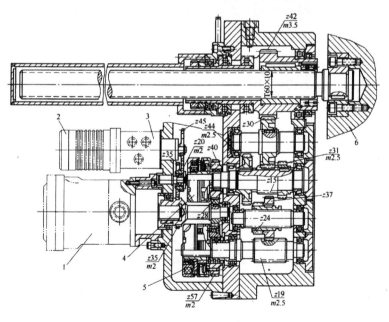

图 7-20　XC-550 型旋压机的进给箱

1—油马达 25MCY14-1A；2—步进电机 SB3-1000；3—旋转随动阀；

4—电磁离合器 DLM3-2.5；5—电磁离合器 DLM3-5；6—旋轮座

过油马达传动丝杠,使其上的旋轮作纵向移动。步进电机、旋转随
动阀和油马达,组成一套电液脉冲马达。旋轮的纵向进给速度由
输入步进电机的脉冲频率确定。

　　液压缸作为进给机构的动力使用也较为广泛,图 7-21 给出了
4 种常见的油缸形式。液压传动的特点是结构简单、运动平稳、调
速方便、维修方便,但是受液压缸行程的限制,加工工件的长度较
短。图 7-22 示出了一种旋压机进给油缸的结构。

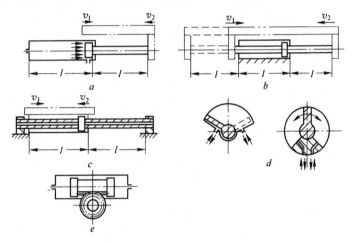

图 7-21　旋压机常用的油缸形式

a—单出杆式油缸;*b*、*c*—双出杆式油缸;*d*—摆动油缸;*e*—齿条传动的活塞油缸

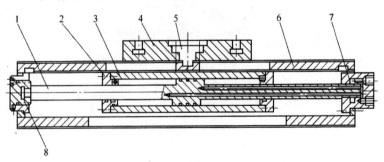

图 7-22　APED300 型旋压机的进给油缸

1—活塞杆;2—缸盖;3—油缸体;4—旋轮架底座;5—连接块;

6—底座;7—接头块;8—调整块

　　旋轮的进给也可以采用液压伺服阀控制,从而进一步提高控制精度。

7.7.4 旋轮座与旋轮架

　　旋压机的旋轮座安装在进给箱上,其上安装旋轮架。旋轮座的结构与旋轮的数量、旋轮架和辅助工具及进给箱的形式有关。图 7-23 示出的是具有三个旋轮的旋轮座。旋轮座的结构应该在满足旋压工艺要求的同时,具有较高的强度和刚度,并且便于操作。常用的旋轮座应具备纵向和横向的滑架,并且可以回转。

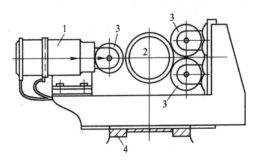

图 7-23　具有三个旋轮的旋轮座
1—油缸;2—成形模;3—旋轮;4—床身

　　图 7-24 所示的是 XC-550 型旋压机的旋轮座,该旋轮座的横向移动架与横向移动液压缸构成一体,旋轮的支架杆置于方孔中由螺栓夹紧固定。横向移动油缸由仿形板通过仿形阀来控制,从而完成横向运动循环。旋轮座的纵向移动如前所述,是由纵向进给箱完成的。

　　通过转动蜗杆可以使转盘回转一定的角度,然后用液压缸锁紧。

　　图 7-25 所示的是 SY-3 型旋压机的旋轮座,横向移动部分是分体结构,纵向移动则采用液压缸实现。

　　旋轮架是直接安装旋轮的,根据旋轮的结构不同,有不同形式的旋轮架。图 7-26 是简单的单支撑和双支撑旋轮架形式,图 7-27 是攻角可调的旋轮架,而图 7-28、图 7-29 是轻型和重型旋轮架的结构。

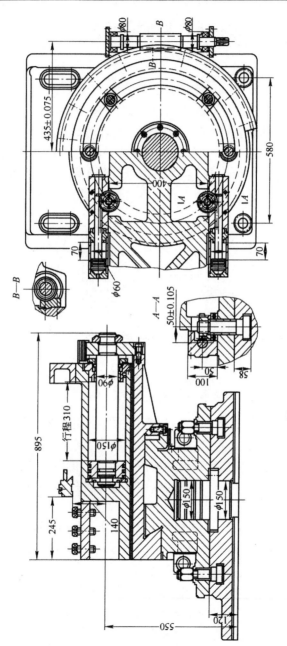

图 7-24　XC-550 型旋压机的旋轮座

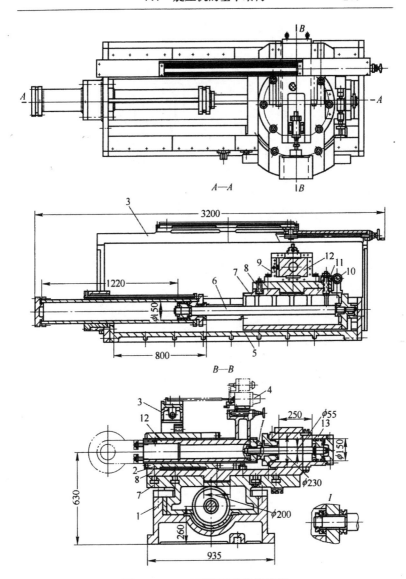

图 7-25 SY-3 型旋压机的旋轮座
1—支架;2—导轨体;3—仿形板支架;4—液压仿形阀;5—支架体;
6—纵向油缸;7—纵向滑架;8—转盘;9—横向导轨;10—蜗杆;
11—蜗轮片;12—横向滑架;13—横向油缸

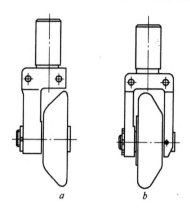

图 7-26　单支撑和双支撑旋轮架

a—单支撑；b—双支撑

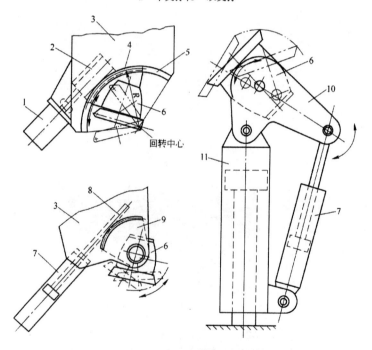

图 7-27　攻角可调的旋轮架

1—油马达；2—蜗杆；3—横向滑架；4—扇形蜗轮；5—弧形导轨；6—旋轮头；
7—调节油缸；8—齿条；9—扇形齿轮；10—杠杆；11—进给油缸

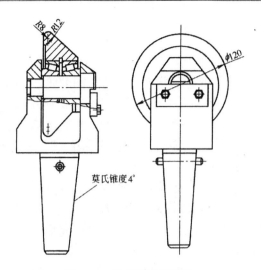

图 7-28 轻型旋轮架结构

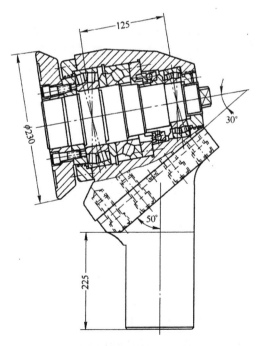

图 7-29 重型旋轮架结构

7.7.5　尾座及附设装置

旋压机尾座的作用与车床的尾座类似,只是结构上有所不同。旋压机的尾座除了要达到与车床尾座相同的要求,如与主轴精确的同轴度、转动灵活和在工作中不能产生退让外,还应具有压紧力大、行程长、慢进快退等特性。图7-30是XC-550型旋压机的尾座,该尾座采用液压缸推进压紧,电气联锁的锁紧机构将活塞杆锁紧,防止在工作中松动。

图7-31是SY-3型旋压机的尾座,这种尾座是将压紧油缸放在下部,尾座本体亦可以在床身中移动后固定,以此来调整尾座的位置。图7-32是分层式尾座结构图,这种尾座可以调整对中位置,从而适应不同形式的工件。

根据工件形状的不同,可以采用不同形式的尾座顶套,如图7-33所示。

为了实现工艺过程,旋压机还要设置相应的附设装置,如工件脱卸器,芯模与坯料的加热装置、芯模磨削装置及切边去底装置等。

7.7.6　旋压机结构的特点

上述旋压机各部分结构普遍用于各种形式的强力旋压机,然而对于大型旋压机,其结构还是有自身的特点,主要是:

(1)旋压机的床身、主轴及传动系统、旋轮架和装卡具都应有足够的刚度,以保证旋压的精度。旋压机的工作台和导轨等构件的尺寸都较大。

(2)旋轮架的纵、横向进给机构要求传动平稳,惯量小,进给量需要无级调速,因此多采用液压进给或电液进给。

(3)由于主轴的驱动力很大,要求能够提供足够的传动扭矩和功率,以满足恒扭矩或恒功率调节。为了方便地调整旋压量,通常主轴也应采用无级调速的驱动方式。

(4)旋轮的横向进给可以采用液压仿形控制或数控方式。

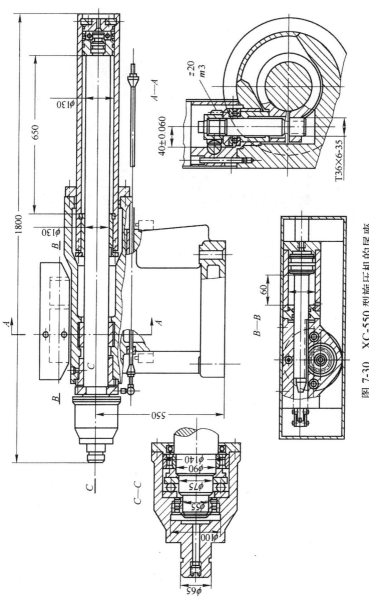

图 7-30 XC-550 型旋压机的尾座

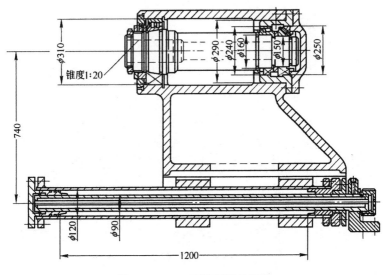

图 7-31   SY-3 型旋压机的尾座

（5）由于工件重、载荷大，因此需要对设备的润滑冷却、工件的自动装卡等方面也有一些特殊要求。

因此，在大型旋压机的设计和制造中应充分考虑上述因素。

普通旋压机的旋压力比强力旋压小得多，因此设备的力能指标也较低。但是在结构上则有专门的要求，如主轴转速较高、旋轮的送进速度快、为了防止坯料起皱应有背压轮等。

7.8 数控自动旋压机

随着板金属加工量的增加，旋压机的应用愈来愈广泛，旋压机的装备水平也不断发展，数控自动旋压机成为旋压机的主要形式。数控自动旋压机开始于 20 世纪 60 年代，当时只是有数控带和机床控制器控制的简易数控自动旋压机。随着计算机控制技术的发展，数控自动旋压机和数控机床一样得到了快速发展。控制技术的进步导致了旋压机结构的显著改进，出现了各种形式的数控自动旋压机。

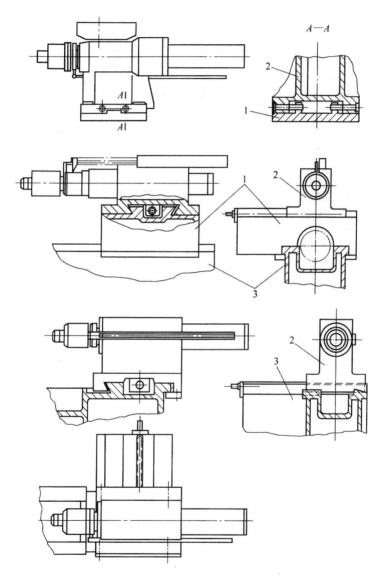

图 7-32 分层结构的旋压机尾座
1—底座;2—尾座体;3—床身

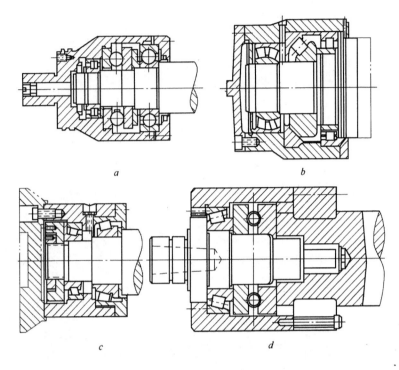

图 7-33　尾座顶套
a—形式 1;b—形式 2;c—形式 3;d—形式 4

7.8.1　数控自动旋压机的控制系统

　　数控自动旋压机的控制系统是其核心部分,图 7-34 表示了各种控制方式和受控元件的组合,其特点是将旋压道次及其他加工条件进行数值化,在此基础上利用各种受控执行元件对工件进行旋压加工。

　　当前生产数控系统的公司厂家比较多,如国外的著名公司有德国的西门子公司、法国的 NUM 公司、日本的 FANUC 公司;国内的公司有中国珠峰公司、北京航天机床数控系统集团公司、华中数控公司和沈阳高档数控国家工程研究中心等。选择数控系统时

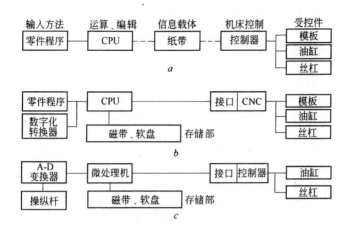

图 7-34 旋压机数字控制系统

a—NC 方式；b—CNC 方式；c—A-D 变换方式

主要是根据数控改造后机床要达到的各种精度、驱动电机的功率和用户的要求等具体情况进行选择。下面介绍几种主要的数控系统：

（1）交/直流伺服电机拖动、编码器反馈的半闭环控制系统。半闭环系统检测元件安装在中间传动件上，间接测量执行部件的位置。它只能补偿系统环路内部部分元件的误差，因此，它的精度比闭环系统的精度低，但是它的结构与调试都较闭环系统简单。比如西门子的 1FT5、1FT6 交流伺服电机，稳定可靠，伺服性能好。

（2）异步电机或直流电机拖动、光栅测量反馈的闭环控制系统。该系统与开环系统的区别是：由光栅等位置检测装置测得的实际位置反馈信号，随时与给定值进行比较，将两者的差值放大和变换，驱动执行机构。闭环进给系统在结构上比开环进给系统复杂，成本也高，设计和调试都比开环系统难，但是可以获得比开环进给系统更高的精度，以及驱动功率更大的特性指标。

（3）伺服阀/伺服油缸、光栅测量反馈的闭环控制系统。在行程较短、旋压力要求大的场合，由伺服阀、伺服油缸组成的闭环控制系统是一个很好的选择。

7.8.2　数控自动旋压机的结构特点

　　与普通自动旋压机相比,数控自动旋压机的结构发生了很大变化,最明显的是控制坐标数的增加。很多自动旋压机能够进行4~7坐标控制,10坐标控制的旋压机也在使用。图7-35所示的是7坐标控制的自动旋压机,其中有6坐标联动。辅助工具架是随着主工具架受控的,可以进行反压轮成形。此外,该装置能够连续调整旋轮相对于工件表面的倾角,从而获得均匀光整的工件表面。两个工具架还作为工具安装架使用,通过对 A、B 两个坐标的控制能够迅速更换工具。还可以采用转塔式工具安装架,同时安装 8~10 个旋压工具,极大地提高了工作效率。

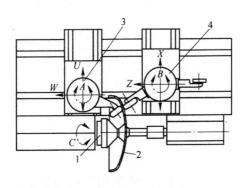

图 7-35　7 坐标控制的自动旋压机
1—主轴;2—工件;3—辅助工具架;4—主工具架

　　较多地采用步进电机和丝杠以及液压执行元件是数控自动旋压机的又一特点,从而能够精确地测定旋轮的位置和速度,提高重复加工精度。将测定的位置和速度值与计算机内的程序数据进行比较,经过校正后作为监控数据控制加工过程。这样,将外设的各种传感器与计算机技术结合起来,进行复杂的自适应控制,从而能够旋压加工各种复杂的工件。例如,利用旋压力的变化幅度与皱折的高度大致成正比的规律,对成形力进行连续测量并根据变化幅度的大小来修正旋轮的运动,使变形量和旋压力处于最合理的范围内,优化了旋压过程,提高了旋压质量。

7.8.3 数控自动旋压机的数据输入

数控系统中加工数据的输入是重要的环节。CNC方式的旋压控制系统的数据输入如图7-36所示。系统的核心是一台微型计算机,首先进行加工数据的输入、运算和编辑,并对传感器发来的数据进行判断、校准和修正;继而通过信息载体(磁带)向控制器发出指令(脱机控制),或者直接由主机向控制器发出指令(联机控制)。

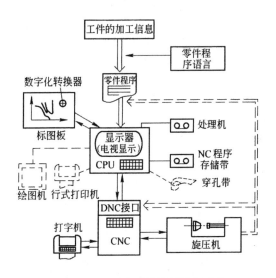

图7-36　CNC方式的旋压控制系统

多个旋压道次数据可以用计算机程序的形式输入,利用数字化仪将多个旋压道次工件外形的图形进行数字化,然后写入程序。程序中的各个数据控制旋压机的加工过程。

利用曲线模板进行数据输入是将已有的经验数据输入计算机,从中选出使用频度最高的一组道次形状,然后分别进行三次代数式逼近,得到最佳的数学模型,作为控制模型输入计算机。该方法能够缩短数据输入时间,并可以同时对两个以上的旋轮进行控制,使两者的相互位置保持高度精确。

录返数控旋压机可以适应复杂多变回转体的旋压工艺要求,利用仿形系统,把工件曲线写入计算机,完成录加工,并通过工控机组成的数控系统完成返加工。通过多道次录返旋压,可以剔除辅助时间,修改任一道次曲线,从而满足旋压加工要求。目前,国内某厂制造的 PNC-690 型和 PNC-700 型旋压机即采用了这种录入方式。

PNC-700 型数控录返旋压机的主要技术参数是:中心高1500 mm,纵向旋压力 650 kN,横向旋压力 700 kN,纵向行程3000 mm,横向行程 830 mm,主轴电机功率 315 kW,最大加工直径3000 mm。

表 7-8 给出了 RPX 系列数控热收口旋压机的主要技术参数。该旋压机主要用于热成形以管材作为毛坯的高压容器、蓄能器、弹体头部等类似零件的封底、缩颈、曲母线弧段的收口等,适用于加工碳素钢、合金钢、不锈钢、有色金属、难熔金属、难成形材料等。

表 7-8　RPX 系列数控热收口旋压机的主要技术参数

型　号	RPX-200	RPX-300	RPX-400	RPX-600
加工直径/mm	50~200	100~300	275~400	350~600
坯料最大长度/mm	1500	2000	2500	4000
加工厚度/mm	6	13	18	20
中心高度/mm	800	1100	1300	1500
纵向行程/mm	300	300	500	800
转角/(°)	100	100	100	100
纵向推力/kN	130	160	210	250
扭矩/kN·m	15	28	46	52
主电机功率/kW	60	110	160	200
液压电机功率/kW	45	55	110	160
主轴转速/r·min^{-1}	1200	1000	900	800

加工方式的改变也促进了旋压机的改进,如采用内旋压和张力旋压等。内旋压技术又称为内滚挤成形法(图 7-37),是利用回转的内旋轮和固定的短外模对坯料施加连续压缩变形,金属在外模内移动并减薄壁厚。内旋压的优点是在生产大直径旋压管时可以不需要大直径芯棒,从而简化了旋压机的结构,降低了设备制造成本和长芯棒的加工难度。

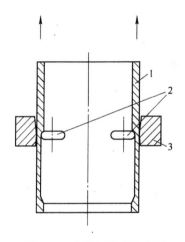

图 7-37　内旋压原理示意图
1—管坯;2—旋轮;3—模环

张力旋压是在旋压过程中,在管子的两端施加轴向拉力,强化工件的变形过程,增加道次变形量。其作用是:消除旋压过程的金属堆积现象,防止直径胀大和改善管材的平直度。

参 考 文 献

1　《第一届旋压会议文集》编写组 . 第一届旋压会议文集 . 北京:国防工业出版社, 1980

2　《国外特殊钢生产技术》编写组 . 国外特殊钢生产技术(压力加工部分). 上海:上海科学技术文献出版社,1982

3　日本钢铁协会 . 钢材加工 . 简光沂译 . 上海:上海科学技术出版社,1982

4　日本塑性加工学会 . 压力加工手册 . 江国屏等译 . 北京:机械工业出版社,1984

5　日本塑性加工学会 . 旋压成形技术 . 陈敬之译 . 北京：机械工业出版社，1988

6　王成和 . 旋压技术 . 北京：机械工业出版社，1986

7　林法禹 . 特种锻压工艺 . 北京：机械工业出版社，1991

8　赵中祺 . PNC—录返旋压机控制系统的研制 . 吉林工业大学学报，2001(6)

9　王振生 . LD30 大口径薄壁无缝管成形工艺 . 金属成形工艺，2001(5)

10　陈适先 . 强力旋压工艺与设备 . 北京：国防工业出版社，1986

11　崔勇 . 专用滚压成形设备设计中主要技术分析 . 金属成形工艺，2001(1)

12　《锻压技术手册》编委会 . 锻压技术手册 . 北京：国防工业出版社，1989

13　董建业 . 旋压技术在轴承行业中的应用 . 金属成形工艺，1996(6)

14　胡亚民 . 回转塑性成形技术的应用 . 锻压机械，1996(6)

15　夏琴香 . XPD 型系列数控旋压机床 . 锻压机械，1997(4)

16　解春雷 . 旋压中的几个问题及其探讨 . 锻压机械，1997(4)

17　阎群 . 基于工业 PC 机的数控旋压系统控制软件设计 . 锻压技术，2002(2)

8 锥形辊轧制设备

8.1 概述

锥辊辗轧是利用锥辊两个锥面轧辊表面线速度不断变化的运动学条件，依据不同的辗轧要求发展起来的特种轧制过程，其中包括钢带锥辊异步冷辗轧、螺旋叶片锥辊异面冷辗轧等不同形式。

锥形辊轧制的典型工艺过程是螺旋叶片的轧制成形。螺旋叶片是螺旋输送机的重要零部件，常用的加工方法是将钢板冲制成单片，再将单片焊接后拉制成形。随着生产技术的发展，相继出现了组合拉形、卷绕成形、挤压成形和辗轧成形4种方法。从生产效率、材料利用率、劳动强度和产品质量等技术经济指标方面比较，锥辊辗轧成形具有明显的优势。

关于螺旋叶片轧制，早在1938年，苏联学者 H.M.巴甫洛夫就提出了任意长度螺旋面辗轧成形的概念。1949年，经 A.З.Журавлев 的完善，确立了该成形法。目前，能够实现板带的螺旋轧制成形的方法有以下几种。

8.1.1 圆柱辊共面楔形辗轧与分导复合成形

最初的螺旋叶片辗轧机是依靠两个直圆柱轧辊轴线共面相交布置，形成楔形辊缝，从而实现楔形轧制的。如图8-1所示，两轧辊共面平行布置，其中一辊为锥辊，两轧辊形成了楔形辊缝，当带料从辊间通过时，在宽向受到不均匀的压缩，形成近似梯形断面，板带沿纵向产生不均匀的伸长而形成圆环。这种工艺具有如下一些特点：

(1) 由于轧辊转轴两端受到支撑，刚性好，所以辊缝有足够的稳定性；

(2) 轧辊可做成易换的复合结构，但必须有分导装置；

(3) 由于圆环成形和螺距成形相互独立，所以成形调整控制

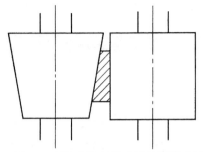

图 8-1　圆柱轧辊转轴布置轧制示意图

比较容易；

　　（4）构成轧件变形区边界的圆柱辊辊面速度不满足螺旋叶片成形的运动学边界条件，因此，圆环半径的稳定性差，叶片截面弯曲甚至分层。

　　为了提高该工艺的稳定性，前苏联有关学者做了大量的研究工作，限定其轧制范围和轧制条件，主要有以下几方面：

$$T < 1.3D$$

$$K < 3$$

$$\frac{t_{\min}}{b} \geqslant 0.02$$

式中　　T——叶片的螺距；

　　　　D——叶片的外径；

　　　　b——螺旋叶片的宽度；

　　　$t_{\min}$——毛坯的最小厚度；

　　　　K——毛坯的最大变形系数，并有：

$$K = [(\pi D)^2 + T^2]^{1/2} / [(\pi d)^2 + T^2]^{1/2}$$

8.1.2　边轧弯曲法

　　20 世纪 80 年代，日本学者对螺旋叶片辗轧成形进行了深入的研究。1978 年，中田 孝论述了应用反复轧制与不均匀压下辗轧相结合的办法生产扁带式绕组。1984 年日本学者提出了螺旋叶片新的辗轧成形工艺——边轧弯曲法，进一步拓宽了辗轧成形工艺的应用范围,这种方法取得了日本制造专利权。

如图8-2所示,边轧弯曲法其实质就是利用一个圆柱辊和一个圆盘在空间构成楔形辊缝,对板带进行辗轧成形。经进一步开拓利用,这种工艺方法可以生产轻质法兰类零件、型材及电机绕组等。图8-3为型材边轧弯曲成形示意图。根据轧制型材的断面形状可以采用不同规格、不同大小的轧辊。采用型材边轧弯曲法大大提高了型材厚度和弯曲极限,和一般弯曲方法相比,很少起皱和开裂。也就是说,用楔形轧制方法可以提高材料的弯曲极限。

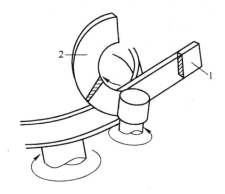

图 8-2　边轧弯曲成形示意图
1—板带;2—圆环

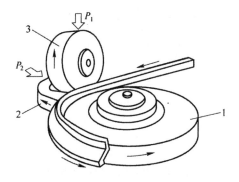

图 8-3　型材边轧弯曲成形示意图
1、2、3—三种不同形式的轧辊

8.1.3　锥辊异面辗轧成形

锥辊异面辗轧成形技术最早是由英国的 LENHAM 公司和 MAT-CO 公司提出的。所谓异面是指两轧辊轴线不在同一平面内。图 8-4 为锥辊异面辗轧成形示意图。两轧辊原始位置是其轴线互相垂直共面;工作开始前,将两辊轴线调成空间相错位置,同时调整轧辊沿轴线方向的位置,从而使两轧辊之间形成扭曲的楔形间隙。其中两锥辊顶端辊缝略大于料厚,而两辊底端辊缝略小于料厚。辗轧开始后,钢带进入辊缝,处于下端的钢带因间隙小于料厚而受压,变薄并纵向伸长;处于顶端的钢带增厚,纵向缩短,从而完成圆环的变形过程。同时,由于轧辊相互错开一定位置,使钢带受到辊弯作用,形成螺距,变形协调的结果是形成螺旋叶片。锥辊异面轧制可以使带钢很好地实现圆环和螺距两种变形,其变形规律满足螺旋叶片的运动边界条件。因此该工艺在现有辗轧成形工艺中是最具竞争力的,在英国、美国等发达国家被广泛采用。我国引进的 FM-600 型螺旋叶片辗轧机是世界上获得辗轧叶片机专利权的英国 LENHAM 公司的产品,可辗轧带宽约为152 mm、带厚约为 8 mm 以下的各种规格的叶片,材料利用率达 97%。据正常估计,一台辗轧机年加工叶片能力可达 600 t。

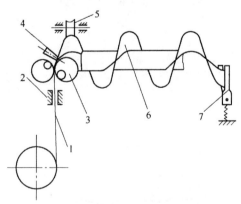

图 8-4　锥辊异面辗轧成形示意图

1—带料;2—导向机构;3—轧辊;4—检验芯棒;

5—叶片;6—悬挂液压剪;7—盘料架

8.1.4 锥辊共面异步辗轧

1987年,哈尔滨工业大学霍文灿教授等提出锥辊共面异步辗轧工艺。该工艺能保证正确实现形成圆环的条件,成形容易控制。

设轧件毛坯厚为 t_0,楔形角为 β,宽向压下长度足够,可推导出形成圆环直径 D_i 为:

$$D_i = t_0 / \tan(\beta/2)$$

显然,叶片直径仅是 β 的一维函数。异步轧制可使轧件弯曲生成螺旋升角,并且大大降低了轧制力。

然而,这种工艺存在构成变形区边界的锥辊线速度变化规律不满足轧件形成螺距的运动学条件的不足,所以,形成合格叶片必须加校正装置。这种工艺目前尚处于研究开发阶段。

8.2 锥辊轧制成形原理

锥辊轧制成形原理是,带料在前导卫的引导作用下进入两轧辊,由于两轧辊转轴不在同一平面上,轧辊在空间构成楔形辊缝,通过楔形辊缝的不均匀压下作用,产生不均匀的纵向伸长,且变形沿轧件宽向由外到内逐渐减小,同时带料经过轧辊的不均匀压缩和辊间辊弯的共同作用,最终得到连续多圈的叶片,叶片经后导卫疏导后,制成理想的螺旋叶片。调整锥辊间的相对位置及带料的喂入高度,可以得到不同旋向、不同螺距和不同直径尺寸的螺旋叶片。

螺旋叶片辗轧变形区是由两轧辊辊面控制的。在这个由两辊面所控制的变形区内,轧件经历复合变形,其一是受到不均匀压缩,产生不均匀伸长(假定宽度无变化)形成圆环的变形;其二是轧件受到辊弯产生弯曲形成螺距的变形。这就是螺旋叶片辗轧成形机理。

轧件之所以受到不均匀压缩,是因为两轧辊所构成的辊缝是不均匀单调变化的;轧件之所以受到辊弯,是因为两轧辊沿导向有相对错位。因此,控制轧辊的相对位置是生产合格螺旋叶片的关键。

8.3　螺旋叶片轧机的结构

螺旋叶片轧机主要包括以下几个部分:轧机机座、前导卫装置、后导卫装置、主传动系统和带钢输送装置。图 8-5 是螺旋叶片轧机结构示意图。

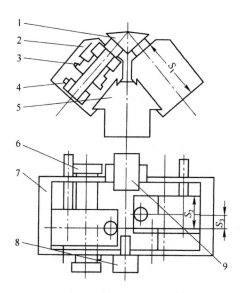

图 8-5　螺旋叶片轧机结构示意图

1—轧辊;2—轧辊轴承座;3—调整蜗杆;4—传动蜗杆;5—导向 V 形座;
6—调整螺栓;7—机身;8—前导卫;9—后导卫

8.3.1　轧机机座

螺旋叶片轧机的机座包括轧辊及主轴部分,轧辊为锥形,锥角为 65°。由于锥辊轧制在轧辊与轧件之间产生强烈的滑动,因此,要求轧辊有较高的耐磨性。通常锥辊采用轧辊钢制造。由于轧辊处于悬臂状态,所以主轴刚度要求很高,需要稳固的支撑。主轴箱中采用双列圆锥滚柱轴承。主轴可以沿轴线上下移动,以调节辊缝。主轴箱安装在 V 形底座上,然后由机身将两个主轴箱压紧在底座上。通过两侧的液压螺杆调节两个主轴箱的相对位置,以形成曲面梯形的辊缝。

8.3.2 前导卫装置

前导卫装置由一组导向辊组成。由于曲面梯形的辊缝会使轧件向下摆动,为了保证正常送进必须采用有较高强度的前导卫装置。前导卫装置应能够方便地调整,从而可以根据工艺要求调整喂入高度。

8.3.3 后导卫装置

后导卫装置又叫螺旋分导装置,其作用是将轧制后的轧件按照一定的螺距送出。后导卫装置是一个既可以向左右两个方向摆动,又可以左右、上下和前后移动的带槽的导向辊。由于螺旋叶片的尺寸精度与导向辊的方位有很大关系,所以,导向辊的调整应该灵活方便,并且能够承受较大的扭曲力矩和摩擦力。螺旋分导装置如图8-6所示。

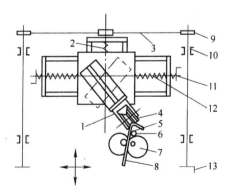

图 8-6　螺旋分导装置示意图

1—导向轮座;2—横向移动螺杆;3—链条;4—导向;5—叶片;6—导向杆;
7—轧辊;8—带料;9—链轮;10—轴承;11—纵向移动手柄;
12—纵向移动螺杆;13—横向移动手柄

8.3.4 主传动系统

主传动系统由电动机、变速箱、减速箱、齿形皮带轮(链轮)、万向接轴和蜗轮蜗杆减速器等部分组成。由于螺旋叶片的成形过程与轧制速度有一定的关系,所以采用变速箱调节轧制速度。齿形皮带轮(链轮)用于分配两轴的扭矩。由于主轴箱和蜗轮蜗杆减速器需要上下移动,所以采用万向接轴与减速箱连接。两个蜗轮蜗杆减速器的旋转方向相反,以使轧辊正常轧制。主传动系统的传动机构如图 8-7 所示。

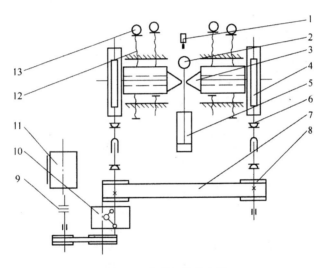

图 8-7　传动机构示意图

1—行程开关;2—压力控制表;3—轧辊;4—蜗轮蜗杆减速器;5—油缸;
6—万向节;7—同步齿形带;8—齿轮;9—皮囊式离合器;10—变速箱;
11—电动机;12—调整螺栓;13—平动控制表

8.3.5 带钢输送装置

通常,带钢是连续垂直地送入辊缝的,而螺旋叶片轧机的带钢输送装置是将带钢卷展开送入。该装置可以上下移动,以适应喂入高度的调整。

8.4 螺旋叶片的轧制过程

8.4.1 螺旋叶片轧制参数调整

螺旋叶片的辗轧过程参看图 8-8,钢带 2 从盘料架上引出,经过导向槽 1 被送进两锥形轧辊 3、4 所形成的辊缝中进行辗轧成形。如果两轧辊与钢带空间相对位置调整得合适,则钢带被辗轧成旋向不同(左旋或右旋),螺径、螺距都符合设计要求的叶片。待辗出的叶片长度满足给定尺寸时,即可剪断。然后继续辗轧过程。在这里使辗轧成形过程得以顺利进行的是,在辗轧成形中起最重要作用的两个轧辊及其与钢带在空间的相对位置。

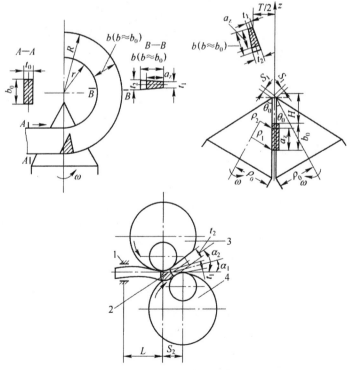

图 8-8　螺旋叶片辗轧成形原理示意图

1—导向槽;2—钢带;3—左轧辊;4—右轧辊

辗轧成形前,要调整辗轧设备,实际上就是调整两个轧辊与钢带在空间的相对位置,以使两轧辊辗轧出达到设计要求的螺旋叶片。

螺旋叶片轧机的原始位置是:

(1) 两轧辊的轴线共面并与前导卫方向垂直;

(2) 两锥辊关于过其交点的铅垂面对称;

(3) 两锥辊轴线的夹角等于轧辊的锥顶角,此时两辊相靠,辊缝为零。

原始位置是辗轧成形前调整轧辊的基准。在一台轧机上辗轧各种尺寸的叶片,主要靠对轧辊空间相对位置进行调整来实现。这个工作是在辗轧成形前进行的。调整轧机的内容是:

(1) 使其中一辊沿导向相对另一辊平动形成一定的错位 S_2 (由调整螺栓来完成),调整量由平动位置表来控制,见图 8-8;

(2) 使两辊沿各自的轴心线同时上升或下降某一等距 S_1 (由油缸中的液压推动楔铁来完成),调整量由压力位置表来控制,见图 8-8。

准确而迅速地完成上述调整工作,是实现良好技术经济指标的关键。

8.4.2　辗轧过程的润滑

由于锥辊轧制过程的相对滑动剧烈,产生大量的变形热和摩擦热,因此必须保证良好的润滑。

根据轧制理论研究和实践经验,如果在轧制(或辗轧)时,能减弱变形区的摩擦效应,即减小轧辊与轧件接触表面的摩擦系数,则可减轻轧辊的磨损,改善轧件的表面质量,降低轧制能耗和增加产量。而轧制过程的工艺润滑可以有效地降低摩擦系数并冷却轧辊。

螺旋叶片辗轧过程与通常轧制相比具有明显的特点。带钢经过导向机构被送进工作辊面所形成的辊缝中,此时,带钢承受两种变形,即不均匀压下和异面轧制的复合。不均匀压下使得带钢产生纵向不均匀伸长形成圆(即螺径);异面轧制使得带钢产生纵向弯曲形成螺距。很显然,螺旋叶片的辗轧是不均匀变形的过程,其锥辊又是悬臂结构,受力条件很恶劣。因此,辗轧成形时,要求工艺润滑能有效地减小变形区内的摩擦系数,降低轧辊的磨损;要求对轧辊进行有效的冷却,使工作辊辗轧时温升很小;要求在高压下形成抗阻力膜,使轧件与辊面隔开,防止轧辊剥伤。

为了满足上述要求,必须寻找一种特殊的润滑液。该润滑液含有理想数量的表面活性物质,即含有 OH、COOH、COONa、COOK 等极性根。另外,还必须寻找一种物质使这些起不同作用的物质亲合在一起。佳木斯联合收割机厂在引进设备的同时,还从英国引进了润滑液。

国产润滑液也能够满足生产要求。经黑龙江省分析测试中心对进口润滑液的配方进行剖析可知,进口润滑液主要成分为液态石蜡油,并含有少量的(约 10% 以下)蓖麻子油制钠盐(皂)。进行类比后,苏州特种油品厂的金属乳化轧制油可以作为锥辊轧制润滑液。其主要性能指标如下:

(1) 经测试符合石油工业部标准 SY1374—77 标准第 3 号;

(2) 乳化液 pH 值(5%)7.5~8.5;

(3) 乳化液安定性:15~35℃,24 h,皂 0.5 mL,无油,合格;

(4) 乳化液防锈性:合格;

(5) 食盐允许量:无相分离;

(6) 乳化液腐蚀试验:合格;

(7) 乳化液 PB 值:不小于 70(按 SY2665—65 标准),实测大于 97。

经试验,采用国产冷轧钢带,利用国产润滑液进行辗轧成形,所得结果也达到了图样技术要求。

8.5 辗轧用钢带及螺旋叶片结构

8.5.1 辗轧用钢带的要求

钢带的辗轧成形过程,是一个受诸多因素影响的复杂变形过程,原材料的初始状态也是一个重要的因素。首先,当原材料存在软点或硬点时,辗轧过程就难以稳定地进行,甚至使机器发生损害;其次,原材料虽不存在软点或硬点,但如果材料过硬或过软,也可能使得到的叶片尺寸与要求偏差很大。辗轧用钢带的化学成分见表8-1;硬度见表8-2,抗拉强度 $\sigma_b = 280 \sim 370$ MPa,表面要求光亮、无锈斑等缺陷,边缘要求切边无毛刺,同时要求材质均匀,无局部软点或硬点。

表 8-1　辗轧用钢带的化学成分

元　　素	C	S	P	Mn
质量分数/%	0.08	≤0.05	≤0.05	≤0.5

表 8-2　辗轧用钢带的硬度

料厚/mm	<3	2.9~3.6	>3
硬度 HB	120~140	105~125	≤80

佳木斯联合收割机厂的 FM-600 型螺旋叶片辗轧机自投产以来,辗轧用钢带一直从德国进口(材料牌号为 DIN1544、DIN1624)。受盘料架尺寸限制,要求盘料外径不得大于 1230 mm,内径不得小于 400 mm。

为使钢带国产化,佳木斯联合收割机厂用国产钢带做了试验,下面是试验结果。国产冷轧板辗轧试验用的材料为鞍钢产 08F 钢板,规格为 2 mm×1000 mm×2000 mm 和 3 mm×1000 mm×2000 mm 两种,并在剪板机上剪成 2 mm×35 mm×2000 mm 和 3 mm×60 mm×2000 mm 条料。其几何尺寸及力学性能由佳木斯联合收割机厂质检处和计量中心(国家一级计量单位)联合提供,见表8-3。

表 8-3　国产 08F 冷轧板几何尺寸及力学性能参数

钢板规格 /mm×mm×mm	件号	厚度 t_0/mm	宽度 b_0/mm	硬度 HB	σ_b/MPa
2×35×2000 冷轧板/08F	试件 1 试件 2 试件 3	2.00	35.50 35.02 35.54	80.5	292.5
3×60×2000 冷轧板/08F	试件 4 试件 5 试件 6	3.00	60.40 60.70 60.01	95	345.0

轧制件为丰收 3.0 联合收割机零件 Z28447E,JL1065 联合收割机零件 Z37955。经调整试轧,获得了合格的螺旋叶片,并由佳木斯联合收割机厂质检处和计量中心检测,螺旋叶片的几何参数检测结果见表 8-4。

表 8-4 联合收割机两种叶片实测与设计比较

产品型号	件号与钢带尺寸 /mm×mm×mm	叶片外径 D/mm		叶片螺距 T/mm	
		设计图	实测	设计图	实测
丰收 3.0	Z28447E 2×35×2000	150±4	147.3 153.2 152.2	150±4	153.3 147.1 148.3
JL1065	Z37955 3×60×2000	$149\pm^3_0$	149.1 151.5 151.6	152±3	154.6 150.0 150.1

由表 8-4 看出,螺旋叶片的几何参数达到了设计要求。此外,经性能检验,国产钢材生产的螺旋叶片也达到了采用进口材料加工叶片的性能,其检查结果见表 8-5。

表 8-5 国产 08F 冷轧板与进口钢带力学性能比较

项 目	硬度 HB		σ_b/MPa	
	原材料	叶 片	原材料	叶 片
国产冷轧板 2/08F	79.6~81.3	111~140	290~295	400~505
国产冷轧板 3/08F	95	135~143	345	490~640
进口钢带 3.5 mm×100 mm	80.4	129~156	290	467~565

综上所述,螺旋叶片辗轧机辗轧用钢带完全可以采用国产冷轧钢带。

8.5.2 叶片尺寸结构

辗轧螺旋叶片尺寸结构应符合以下要求:

$$d > \frac{1}{5}D$$

$$\frac{2}{3}D < T < 1.5D$$

式中　　d——叶片内径；

　　　　D——叶片外径；

　　　　T——螺距。

美国标准为：

$$0.9D < T < 1.5D$$

最佳尺寸结构为：

$$T = D$$

当 $d \approx \frac{1}{5}D$ 或 $T \approx \frac{2}{3}D$ 时，材料变形程度很大，辗轧十分困难，材料稍出现软、硬点，尺寸马上变化，设备调整和控制十分困难。设计螺旋叶片时，应注意避开极限尺寸，选用标准尺寸结构。表 8-6 列出了国内部分标准螺旋叶片尺寸，可供设计时选用。

表 8-6　NJ175-79 螺旋叶片标准(mm)

外径 D		螺距 T		内径 d	不等厚叶片厚度		等厚叶片厚度 $t = t_1$	长度 L
					不小于			
公称尺寸	公差	公称尺寸	公差		t	t_1		
80	±3	60	±7	20	2.0	0.8	2.0	推荐采用 R20 优先数系列
100		80		25				
125	±4	100	±10	25	2.5	1.0	2.0	
160		125		30			2.5	
200	±5	160		35	3.0	1.2	2.5	
250		200	±14	45			3.0	
315	±6	250		45				
		315	±20	60				
400		400		76	4.0	1.5	3.0	
				89			4.0	

美国标准中还规定,钢带宽度 $b_0 < 25t_0$(t_0 为板厚)。

8.5.3 辗轧叶片展开尺寸的计算

计算辗轧叶片展开尺寸时,拟定中性层直径 d_i 在靠内径 $\frac{1}{5}b_0$(b_0 为板宽)处,即:

$$d_i = d + \frac{2}{5}b_0$$

则一个螺距展开料长为:

$$l_i = \sqrt{(\pi d_i)^2 + T^2}$$

零件展开长度 L_0 为: $\quad L_0 = \frac{L}{T}l_i$

式中 L——叶片长度。

考虑剪切、调机损失在 3% 左右,则叶片材料消耗长度 L_s 为:

$$L_s = 1.03L_0 = 1.03\frac{L}{T}l_i$$

钢质叶片单件消耗量 W_s 为:

$$W_s = 0.78b_0t_0L_s \times 10^{-5}$$

式中 W_s——钢质叶片单件消耗量,kg。

8.5.4 叶片尺寸精度与计算误差

由于叶片在轧辊中被辗压时受诸多因素影响,上述计算只能是粗略的。关于叶片的尺寸公差,表 8-7 列出了一些国外提供的数据。

表 8-7 叶片尺寸公差

叶片公称外径/mm	叶片尺寸公差					
	外径 D/mm		内径 d/mm		螺距 T	
	最大	最小	最大	最小	最大	最小
≤102	+1.6	-0.8	+2.4	0	+5%	-5%
102~152	+1.6	-0.8	+2.4	0	+5%	-5%
152~254	+2.4	-0.8	+3.0	0	+5%	-5%
254~508	+4.8	-1.6	+4.8	0	+5%	-5%

实际上,叶片内径尺寸由导出芯轴控制,而外径 D 可按下式计算:

$$D = d + 2(b_0 + \Delta_s)$$

式中　Δ_s——辗压引起的展宽量。

国外资料对展宽量的确定见表 8-8。

表 8-8　不同板厚的展宽量(mm)

料厚 t_0	展宽量 Δ_s
≤3	0
5.8~6.3	1.5
6.3~9.5	3.2
9.5~12.7	4.8

另外,试验证明,采用国产热轧钢板也可以生产螺旋叶片。用热轧钢板作为辗轧用钢板时,在将钢板纵剪成钢带后,必须进行表面处理以去除氧化铁皮。对于 2~3 mm 厚的螺旋叶片,在无冷轧板的情况下,也应采用此工艺进行加工。

试验材料采用厚 3 mm,宽 1050 mm 钢板,剪切成 3 mm × 84 mm × 6000 mm 条料,其检验结果如表 8-9 所示。热轧钢板的化学成分为 $w(C) = 0.10\%$, $w(Si) = 0.23\%$, $w(Mn) = 0.41\%$, $w(S) = 0.031\%$。

表 8-9　国产热轧钢板几何尺寸及力学性能

钢板规格 /mm×mm×mm	件　号	厚度 t_0/mm	宽度 b_0/mm	硬度 HB	σ_b/MPa
3×84×6000	试件 7 试件 8 试件 9	2.99	84.50 84.00 84.80	106.5	385

所要辗轧的叶片是 JL1065 联合收割机上的零件 Z33409。条料经表面处理后,进行辗轧试验(包括轧机调整和试轧,再调整再试轧直至成功的全过程),辗轧结果经佳木斯联合收割机厂质检处

和计量中心检测,列于表 8-10。由表 8-10 可以看出,辗轧叶片几何尺寸符合设计图的要求。辗轧后叶片的力学性能经检测列于表 8-11。由此表明,采用国产热轧钢板辗轧的叶片质量与采用进口冷轧钢板辗轧的叶片质量相当,完全可以用国产热轧钢板替代进口冷轧钢板。

表 8-10 联合收割机两种叶片实测与设计比较

产品型号	件号与钢板尺寸 /mm×mm×mm	叶片外径 D/mm		叶片螺距 T/mm	
		设计图	实 测	设计图	实 测
JL1065	Z33409 3×84×6000	$321 \pm {}^2_0$	232 231.1 231.7	226 ± 3	225 227.1 226.5

表 8-11 国产热轧钢板辗轧成形叶片的力学性能

项 目	硬度 HB		σ_b/MPa	
	原材料	叶 片	原材料	叶 片
国产热轧钢板 2/08F	105～108	164～177	380～390	595～640

参 考 文 献

1 Johnson W, Mamalis A G. International Matals Reviews, 1979, (4)

2 Johnson W, Needham G. Int. J. Mech. Sci. , 1968, (10) : 95～113

3 Erden Eruc, Rajiv Shivpuri. Int. J. Mech. Tools Manufact. , 1992, 32(3) : 379～398

4 席夫林 M IO. 等. 车轮和轮毂轧制. 冶金部情报所书刊编译室译. 北京:中国工业出版社, 1965

5 华林,黄兴高,朱春东. 环件轧制理论和技术. 北京:机械工业出版社, 2001

6 邹家祥. 轧钢机械. 北京:冶金工业出版社, 2000

7 日本塑性加工学会. 压力加工手册. 江国屏等译. 北京:机械工业出版社, 1984

8 中国机械工程学会锻压学会. 锻压手册. 北京:机械工业出版社, 1993

9 杨文平. 螺旋叶片锥辊轧机的轧辊结构研究. 锻压机械, 1998, (2)

10 郭云山. 螺旋叶片轧制喂料高度的研究. 锻压机械, 1998, (6)

9 滚轧设备

9.1 概述

滚轧工艺是一种先进的无切削加工技术,能有效地提高工件的内在质量和表面质量,加工时产生的径向压应力,不仅能使工件获得高硬度和低粗糙度的表面,同时还能显著提高工件的疲劳强度极限和扭转强度,是一种高效、节能、低耗的金属加工工艺。

滚轧加工的基本工作原理是工具与坯料同时运动,坯料转动而工具可以往复运动或也可以转动。滚轧技术可以分为压型滚轧和平面滚轧,前者类似于螺旋孔型轧制。压型滚轧与螺旋孔型轧制的主要差别在于,滚轧过程的变形限于工件的表面,用于工件的表面成形,滚轧工具使坯料的表面金属产生塑性变形,与工具的形状耦合,从而使坯料成为所要求的机械零件;而螺旋孔型轧制过程的变形深入坯料的内部,变形量较大。平面滚轧则类似于旋压,其与旋压加工的主要区别在于,滚轧加工过程中的工具与工件相比尺寸较大,塑性变形的区域也较大,变形也限于工件的表面,旋压工艺的工具较小,局部变形量较大而变形区域较小。滚轧是螺纹件加工的主要方式,外螺纹的滚轧有各种形式,如表9-1所示。

表 9-1 螺纹滚轧的成形方式

种　类	成 形 方 式	生产设备	工具与工件的运动方式	压入方法
二搓丝板	坯料	平板式滚轧机	搓丝板往复运动	搓丝板形状
一辊	坯料	带滚轧头的车床	坯料旋转	轧辊支架接近

种 类	成 形 方 式	生产设备	工具与工件的运动方式	压入方法
二 辊	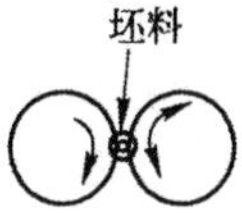 坯料	有固定轴和移动轴的轧机	轧辊旋转	液压或凸轮式轧辊接近
		两轧辊固定的差速滚轧机	轧辊旋转	由支撑圆盘将坯料推入
		带滚轧头的车床	坯料旋转	轧辊支架接近
三 辊	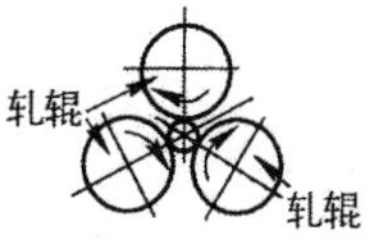 轧辊　轧辊	三轴移动滚轧机	轧辊旋转	液压或凸轮式轧辊接近
		带滚轧头的车床	坯料或轧辊旋转	轧辊支架沿轴向接近
行星式	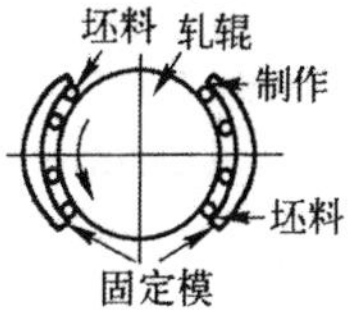 坯料　轧辊　制作　坯料　固定模	行星滚轧机	扇形模固定,轧辊旋转	轧辊形状

　　滚轧技术广泛应用于生产螺纹制品,普通螺纹滚压、梯形螺纹滚压、直纹滚压、球面滚光、表面滚光、斜花键滚压、气门矫直滚压、缩径和复合滚压等加工都可采用冷滚轧工艺。该技术也可以用于齿轮和花键等机械零件的加工。采用滚轧法生产外螺纹的生产效率很高,制品的强度和精度也很高。专用滚轧机的最小生产批量为 5000～10000 件。

　　内螺纹也可以采用滚轧法进行加工。对于小直径的内螺纹可以采用无槽丝锥来加工,大直径的内螺纹则可以使用如图 9-1 所示的具有三个滚轧辊的内螺纹加工用的滚轧装置。

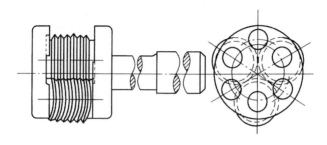

图 9-1　内螺纹加工用的滚轧装置

9.2　螺纹滚轧机

9.2.1　螺纹滚轧的生产方式

螺纹滚轧机是螺丝生产的主要设备,其形式有:使用两个搓丝板的搓丝机;使用两个或三个轧辊的滚轧机;由一个旋转模具以及一至三个扇形模具构成的行星滚轧机。坯料通过沿模具表面的滚动轧出螺纹,坯料一边旋转一边沿轴向前进。坯料的自动送进使生产实现自动化。大批量生产的螺纹制品基本上都采用滚轧机滚制。螺栓和螺钉的生产工序包括线材的切断、头部成形和螺纹部分的滚轧,可以在滚轧机上一次完成。螺纹滚轧机已经是一种定型的批量生产的设备。生产的螺纹规格可以从 1 mm 到 175 mm,高速滚轧机的螺丝产量可达 1000 件以上。表 9-2 所示为各种滚轧机的标准生产量。其中对于小规格螺丝行星滚轧机的效率最高,其次为搓丝机,轧辊滚轧最低。但是轧辊滚轧可以生产大规格的螺栓和其他螺纹产品。

表 9-2　各种滚轧机的标准生产量(件/h)

公称直径	定置滚轧			贯通滚轧	
	行星滚轧	搓　丝	轧辊滚轧	轧辊滚轧	
				平行轴	倾斜轴
M3	450~1800	60~300	20~250	0.5~1.0	3.5~7.0
M5	350~1500	60~400	20~225	0.5~1.0	4.0~8.0

公称直径	定 置 滚 轧			贯 通 滚 轧	
	行星滚轧	搓 丝	轧辊滚轧	轧 辊 滚 轧	
				平行轴	倾斜轴
M6	250~1200	60~350	20~200	0.5~1.0	5.0~10.0
M8	200~600	60~300	15~180	0.6~1.2	4.0~8.0
M10	150~500	60~250	15~160	0.6~1.2	3.0~6.5
M12	100~400	60~200	15~140	0.6~1.4	2.5~6.0
M16		50~160	10~120	0.7~1.8	2.3~7.0
M20		40~125	10~100	0.6~1.6	2.0~7.5
M24		30~70	8~80	0.5~1.2	1.8~5.7
M36			6~60	0.4~0.8	1.3~3.3
M52			4~40	0.2~0.5	0.7~2.0
M62			4~25	0.15~0.4	0.5~1.2
M76			2~15	0.1~0.25	0.4~1.0
M90			1~10	0.05~0.13	0.25~0.6
M100			1~5	0.02~0.08	0.1~0.25

9.2.2 螺纹滚轧设备

9.2.2.1 搓丝机

搓丝机的传动结构如图 9-2 所示,竖直的坯料经过料斗倾斜地进入往复运动的搓丝板中,也可以采用其他送料方式。搓丝板 1 固定,搓丝板 2 由曲柄机构 3 驱动做往复运动,推入装置 5 将供料装置 4 送来的坯料推入工作位置,由搓丝板滚轧成螺纹。该设备适用于 M1~M20 范围内各种螺纹制件的大批量生产。

利用搓丝机进行滚轧作业时,应正确安装和调整两个搓丝板的位置和相位以及坯料保持器的位置。坯料插入搓丝板之间的时间要准确,必须是在一个搓丝板牙型的顶部和另一个搓丝板牙型的根部相重合的瞬间,从而保证滚轧出的工件有连续正确的螺纹。此外,滚轧过程的压下量和滚轧力应符合螺纹成形的要求,防止出现欠充满和过充满的现象。

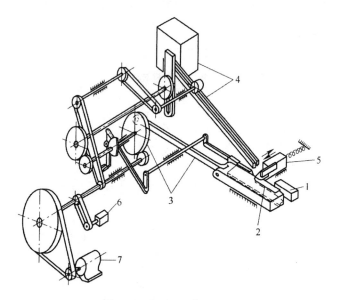

图 9-2　搓丝机的传动结构

1—固定搓丝板；2—动搓丝板；3—曲柄机构；4—供料装置；

5—推入装置；6—泵；7—电机

9.2.2.2　滚轧机

滚轧机使用 2~3 个轧辊（图 9-3、图 9-4），主要类型如表 9-3 所示。其中二辊液压滚轧机是使用广泛的一种，其结构（图 9-5）为一个轧辊固定，另一个轧辊由液压缸推动使之与坯料接触并滚轧螺纹。通过液压系统控制滚轧时间和滚轧压力。在滚轧过程中，坯料处于两个轧辊和上下两个导板之间，导板的高度为：由主轴中心高度减去滚轧工件的螺纹外径的一半，再低 0.2 mm。

图 9-6 是机械传动的二辊机械滚轧机传动系统示意图。在 A、B 两轴上安装滚轧辊 1、2，A 轴只旋转，而 B 轴可以在旋转的同时，作径向进给。将 A 轴上的锁紧螺母 3 松开，使齿形离合器 4、6 分开，单独旋转 A 轴，调整两个滚轧辊，当两辊相互错开半个螺距，即齿顶对齿底(图 9-7)时，将离合器合上，锁紧螺母。

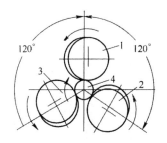

图 9-3　三辊滚轧机

1—Ⅰ号轧辊；2—Ⅱ号轧辊；

3—Ⅲ号轧辊；4—工件

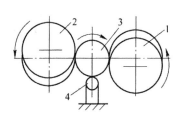

图 9-4　二辊滚轧机

1—Ⅰ号轧辊；2—Ⅱ号轧辊；

3—工件；4—托辊

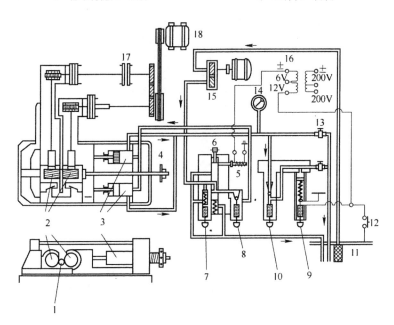

图 9-5　二辊液压滚轧机结构示意图

1—坯料；2—轧辊；3—油缸；4—带孔螺母；5—磁铁；6—操纵杆；7—压力调节阀；

8—速度调节阀；9—时间调节阀 B；10—时间调节阀 A；11—滤油器；

12—辅助开关；13—空气调节阀；14—压力表；15—油泵；

16—油泵电机；17—联轴器；18—主电机

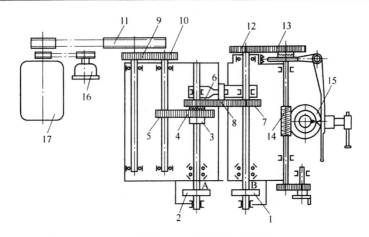

图 9-6　二辊机械滚轧机传动系统示意图

1、2—滚轧辊；3—锁紧螺母；4、6—齿形离合器；5、7、9、10、12、13—齿轮；
8—中间轮；11—皮带轮；14—蜗轮蜗杆装置；15—凸轮压下装置；
16—冷却齿轮泵；17—电机(2.8 kW，1440 r/min)

图 9-7　两个滚轧辊相互错开半个螺距

　　三辊滚轧机一般采用立式结构，由于坯料能够自动定心，因此不需要导板，适合于滚轧大直径高强度的螺纹制品和管接头类的空心螺纹零件。这种滚轧机的生产效率较低，但滚轧的螺纹精度高，适于生产 M6～M80 的大直径高强度实心和空心螺纹制件。设置前后受料台的三辊滚轧机特别适用于贯通滚轧加工长丝杠轴和蜗杆等工件，滚轧精度很高，累积螺距误差为 30 μm/300 mm，轧制速度为 80～600 r/min。

　　图 9-8 是用于冷轧丝杠的三辊滚轧机。滚轧辊的轴向调节是通过带有相位调节装置的齿形联轴器，用手工转动轧辊来实现的。

轧辊的径向位置和送进角也用手工调节。滚轧辊的动力由电动机经减速箱、齿轮箱和万向接轴提供。

螺纹制件的轧制过程是：如图 9-8 所示圆盘拨料器 3 将放在料架 1 上的坯料拨到受料槽 4 中，液压推料器 2 通过入口导板 5 将坯料送到滚轧辊 6 中；轧制开始后，液压推料器 2 退回原位；轧件轧好后停留在出口导板 7 中，下一个轧件的头部将其顶入出料槽 8 中；然后料槽松开，轧件落在受料台架上，一个轧制循环结束。

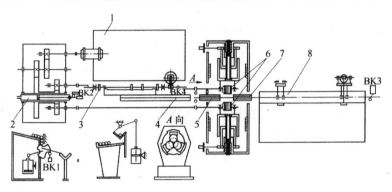

图 9-8　冷轧丝杠的三辊滚轧机

1—料架；2—液压推料器；3—圆盘拨料器；4—受料槽；
5—入口导板；6—滚轧辊；7—出口导板；8—出料槽

贯通滚轧是对工件的全长度进行滚轧，采用两辊滚轧机也可以进行贯通滚轧。图 9-9 为轧制蜗杆的滚轧机的设备组成。类似于管棒材的斜轧过程，滚轧机的轧辊也可以有送进角，从而使坯料自行前进。由于滚轧机的变形量很大，轧制时工件的变形热必须及时散发，因此需要进行充分的工艺冷却，以保证工件的加工质量良好，延长模具的使用寿命。

9.2.2.3　行星滚轧机

行星滚轧机如表 9-1 所示，中心的旋转模具（轧辊）与外围的 1～3 个扇形固定模具构成了滚轧变形区，工件被送入滚轧区中作行星运动，直至被轧出。由于中心模具和扇形模具的曲率不同，两者的变形有差异。为了使变形大致相等，模具的直径与工件直径

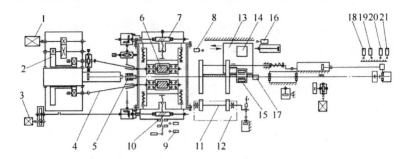

图 9-9　轧制蜗杆的滚轧机的设备组成

1、3—直流电机;2—三级减速器;4—万向接轴;5、17—中心夹持器;
6—轧辊;7—压下螺丝;8、9、16、18、19、20、21—行程开关;
10—调整挡板;11—液压计数器;12—装料架;13—滑架;
14—变压器;15—感应器

相比要大得多。利用与模具同步回转的送料装置,在相位合适的位置将坯料连续送入。由于变形区较长,可以有几个工件同时被滚轧。行星滚轧机的模具寿命很长,对于不同的坯料材质和直径,可以达到数百万件以上。

　　行星滚轧机十分适用于生产小规格的螺纹产品,生产率极高。例如,滚轧 M6×50 的螺钉,安装模具和调整的时间为 30 min,每小时产量达 25000 件;滚轧 M12×75 的螺栓,安装模具和调整的时间为 45 min,每小时产量达 9000 件。因此,行星滚轧机是生产小规格螺纹制品的专用设备。

　　表 9-3 列出了行星滚轧机的主要类型。

表 9-3　行星滚轧机的主要类型

类　型	辊数及压下或驱动方式	工　件	说　　明
轧辊轴接近式	二辊液压压下	固　定	轧辊之间用齿轮连接作同方向旋转。工件手动送进,也可以采用自动送料装置
	二辊凸轮压下	固　定	
	三辊液压压下	固　定	
	三辊凸轮压下	固　定	

类　型	辊数及压下或 驱动方式	工　件	说　明
轧辊轴 固定式	三辊差速驱动	移　动	两轧辊同方向异速旋转,由送 料器在相位合适的位置上送料
	带凹槽的二辊 同速驱动	移　动	两轧辊同方向同速旋转,由送 料器在轧辊凹槽位置上送料

9.2.2.4 螺纹滚轧头

螺纹滚轧头可以利用普通车床方便、灵活地批量生产螺纹制品,因此应用也很广泛。螺纹滚轧头有单辊、二辊和三辊等形式,按照进给方式分类,其主要类型如表 9-4 所列。

表 9-4 螺纹滚轧头的主要类型

类　型	轧　辊		说　明
	辊　数	回转轴	
压入滚轧 (横向进给)	1	固定	适于滚轧螺纹部分极短的长件及有多段螺纹的长件,也能滚轧管螺纹
	2	固定 自由 开闭	轧辊之间用齿轮连接,坯料在辊间与轧辊的位置和相位能微调。可以滚轧梯形螺纹、管螺纹和蜗杆螺纹等
贯通滚轧 (轴向进给)	3	自由 开闭	滚轧结束时,三个轧辊自动开启,坯料与轧辊脱离,轧辊的牙型无升角,以一定的送进角布置,单独传动。坯料自动咬入送进。适于滚轧零件的端部螺纹和空心螺纹

二辊式和三辊式的螺纹滚轧头适合于滚轧 M1～M50 的螺纹,若采用液压进给实行贯通滚轧,则可以成为滚轧长丝杠的专用设备(图 9-10)。贯通滚轧时,螺纹滚轧头的前进速度可以用下式表示:

$$V = nmp$$

式中　　n——坯料转速;

m——螺纹头数；

p——螺距。

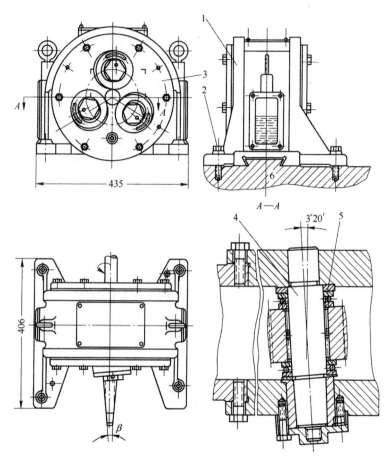

图 9-10 冷轧丝杠的螺纹滚轧头的结构示意图

1—机体；2—螺钉；3—端盖；4—偏心轴；5—止推轴承；6—车床溜板

9.2.2.5 轧辊

滚轧机的轧辊可以有螺旋形轧辊和环形轧辊两种。

螺旋形轧辊加工方便，容易达到较高的精度，但是调整困难，对各轧辊的回转同步精度要求较高。当调整不当时易造成乱扣。螺旋形轧辊的螺旋角一般大于(多线轧制)或小于(单线轧制)工件的螺旋角,其差值为轧辊轴线与工件轴线的夹角。

环形轧辊调整安装方便,不易产生乱扣。在二辊机构上一套轧辊可以轧制螺距相同的不同直径的丝杆,并可以轧制旋向不同、头数不同的丝杆。轧辊可以重复修磨多次,工具消耗少。

环形轧辊的设计要求是:轧辊每个梯形牙的挤压负荷应近似相等,挤压过程中工件不应产生剪切现象。当螺距小于等于6 mm时,轧辊一般选用7牙,其中3牙为校正牙,其余4牙为瘦牙,瘦牙的牙顶宽在加工出咬入角后应与校正牙的牙顶宽相同。

取中径处的升角和螺纹制件中径处的升角相等,这样,可以按下式计算螺纹滚轧轧辊的外径:

$$D = kd_p + (1 - 2b)H'$$

式中　k——轧辊的螺纹头数;

　　　H'——螺纹牙型的三角形高度;

　　　d_p——螺纹制件的中径;

　　　b——螺纹牙底的钝化比例。

如果轧辊和制件螺纹的升角不一致,则在滚轧中坯料产生轴向移动,可以利用这种移动来滚轧比轧辊宽度长的螺纹。

9.3　成形件滚轧机

9.3.1　成形件滚轧机的用途和特点

成形件的滚轧主要是对机加工后的齿轮、花键等零件作进一步的精加工。与切削精加工相比,滚轧加工的生产效率高,材料利用率高,工件的综合力学性能好。对于变形量小的产品,也可以直接用毛坯料进行冷滚轧加工。经过多年的发展,齿轮和花键的滚轧成形技术已经很成熟。我国目前冷滚轧的花键模数最大为2,在国外,ErnstGrob 公司能够提供冷轧花键模数为 3.5 的大型机床。

　　花键冷滚轧采用 C6 和 C9 系列冷轧机,可以轧制出模数 $m <$ 3.5 的齿轮和花键轴,并可轧制斜齿轮。该设备的生产工艺可以灵活调整,更换程序时间 0.5 min,更换轧头时间 3 min,更换夹具时间 2~10 min。由于调整时间短,即使是 20~30 件的小批量生产也是十分经济的。C6 和 C9 的改进型 12/14NC 和 KRM12/14NC 具有更高的生产效率、精度及可调性,可实现从棒料到有内外齿的自动变速箱离合器罩壳的全过程轧制。轧制 $\phi 320$ mm 的零件只需 1.5 min/件。用 ZSM10 轧机可以在 25 s 内将薄壁管轧制成转向器的高精度齿条。

9.3.2　成形件滚轧机的种类

　　对于齿轮和花键加工,成形件滚轧机可以采用创成法和成形法两种加工方式。与机械加工类似,创成滚轧法是利用齿轮形工具,按照齿轮啮合原理进行滚轧加工。成形滚轧法则是采用成形工具逐个齿进行加工,然后再对全部齿形进行修整。

　　从工具和坯料的运动方式来划分,成形件滚轧机有坯料自由驱动和强制驱动两种驱动方式。坯料自由驱动是指坯料在工具的作用下自由运动,而强制驱动是将坯料的装卡轴与工具的驱动轴连接,使坯料强制运动。为了保证坯料与工具接触表面的线速度相同,应保证两者主轴的转速比相同。

　　根据滚轧工具的不同,可以将成形件滚轧机分为齿条形工具的滚轧机、蜗杆形工具的滚轧机、冕状齿轮形工具的滚轧机、小齿轮形工具的滚轧机和单轮滚轧机等几种,其具体结构及性能如下:

　　(1) 齿条形工具的滚轧机。图 9-11 所示的是 Michigan Tool 公司的 ROTO-FLO 滚轧机,该机采用齿条形工具用创成法生产齿轮。上下对称的齿条形工具由液压缸推动做平行交错运动。坯料自由驱动,在上下齿条工具之间一面滚动一面产生塑性变形。该滚轧机适用于小型的蜗杆、渐开线花键及三角花键等小直径零件的生产,产品质量好,生产效率高,使用方便。最大滚轧直径为

50 mm,模数为4。若滚轧大齿轮,则由于齿条形工具的长度和行程限制,在设备制造和使用方面有困难。

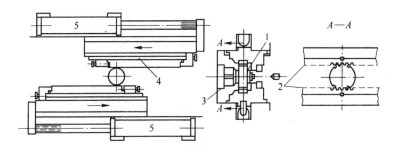

图 9-11　ROTO-FLO滚轧机

1、2—滚轧工具连接用齿轮;3—主轴;4—尺寸调节楔;5—油缸

(2) 蜗杆形工具的滚轧机。蜗杆形工具的滚轧机采用可以回转的蜗杆形工具(图9-12),坯料做轴向往复运动,这样就可以滚轧直径较大的齿轮。Maag公司的Rollamatic RK-12型滚轧机,可以滚轧直径为15~120 mm、模数 $m=0.5~4$、螺旋角 $\beta=45°$ 以内的齿轮。

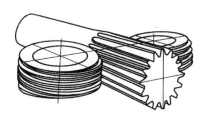

图 9-12　蜗杆形工具的滚轧机的滚轧原理示意图

(3) 冕状齿轮形工具的滚轧机。图9-13所示的是一台可以滚轧锥齿轮的冕状齿轮形工具的滚轧机。滚轧时冕状齿轮形工具相当于齿条,端面齿轮也做回转运动。该设备的主轴垂直设置,主传动在机床的下面,坯料与下同步齿轮一起装卡在主轴上部,冕状齿轮形工具与上同步齿轮一起安装在上方的工具台上,利用同步

齿轮来保证主轴和安装工具的动力头同步。工具台进给时,首先上部和下部的同步齿轮啮合,使工件轴和工具轴按规定速比转动,工具台继续进给,滚轧工具咬入工件实现滚轧加工。

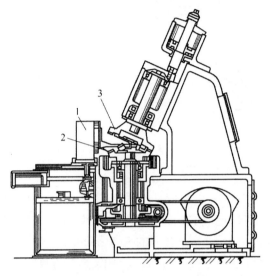

图 9-13　冕状齿轮形工具的滚轧机
1—变压器;2—下同步装置;3—上同步装置

在机床的下部设置有感应加热器,工件经过高频感应加热后进行滚轧。由于热轧时工件加热后软化,其整体性下降,所以需要对工件做强制驱动。该设备可以生产模数 $m = 5 \sim 10$ 的大模数齿轮。

(4) 小齿轮形工具的滚轧机。利用小齿轮形工具滚轧齿轮更为方便,生产设备可以使用螺纹滚轧机,也可以使用专用的齿轮滚轧机。小齿轮形工具和普通齿轮的形状大体相同,加工制作容易,生产成本较低。图 9-14 所示的是直齿圆柱齿轮滚轧机。通过左右两个进给丝杠,移动安装小齿轮形工具的左右滑座,实现进给。两个工具相对于工件同时接近或分开,进给机构由电机、蜗轮减速器组成。工件安装在主轴上,按照工具与工件之间规定的转速比转动。工具的转速为 20~60 r/min。这种齿轮轧机可以生产模数在 10 以下的热轧齿轮。

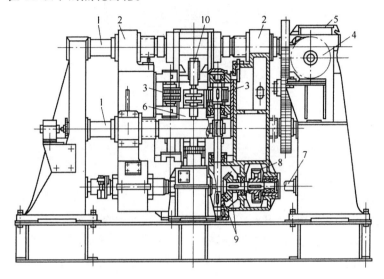

图 9-14 直齿圆柱齿轮滚轧机

1—双向进给丝杠;2—左、右滑座;3—小齿轮形工具;4—电动机;5—蜗轮
加速器;6—坯料轴;7—传动轴;8、9—齿轮;10—夹紧装置

此外,利用小齿轮形工具也可以生产精轧齿轮。图 9-15 所示的是 Langes 公司的 32TFRG 型齿轮精轧机的成形部分。工件安装在回转工作台上,移开活动工具架,使工件转到工作位置,活动工具架进给,与固定工具一起对工件做精密滚轧。这类滚轧机可以代替剃齿机。

另外,内齿轮形工具也可以用来滚轧外齿轮。由于内齿轮形工具咬入容易,材料的变形顺利。并且由于工具与工件的接触面积大,工具齿和工件齿之间的间隙小,所以齿形成形良好。但是,内齿轮形的工具制造困难,该方法的应用尚不成熟。

(5) 单轮滚轧机。对于一些加工后的小模数齿轮,采用单轮滚轧机进行冷精轧更为有效。图 9-16 和图 9-17 是用单轮滚轧机

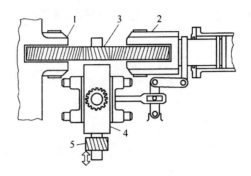

图 9-15　Langes 公司的 32TFRG 型齿轮精轧机的成形部分
1—固定工具架;2—移动工具架;3—坯料;4—回转头;5—坯料装卸位置

轧制油泵齿轮和行星齿轮的情况。用这种方法轧出的齿轮精度很
高。轧制周期为 4~9 s。轧轮的寿命很高,轧制模数为 1~3 的齿
轮 50000 件后,轧轮没有明显磨损。单轮滚轧机结构如图 9-18 所
示。用棒料毛坯直接轧制出齿形的冷精轧机也在使用,生产率为
每小时 360 件。

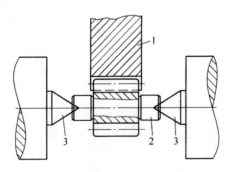

图 9-16　单轮滚轧机轧制油泵齿轮
1—轧轮;2—工件;3—支承顶尖

齿轮滚轧的关键是滚轧工具的形状准确和工具与工件的转动
速比精确、稳定,从而保证齿形的准确和齿轮周节累计误差在允许
范围内。尤其是对于工件自由驱动的滚轧过程,此时工具与工件

相互间的滑动较小,但是齿轮周节累计误差很难保证,必须对滚轧工具进行特殊的设计。工件强制驱动能够保证工具与工件准确的传动比,工具的通用范围较大。但是由于强制驱动,两者之间的滑动量增大,所以工具的抗弯强度要求增大。

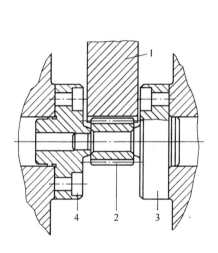

图 9-17 单轮滚轧机轧制行星齿轮
1—轧轮;2—工件;3、4—支承

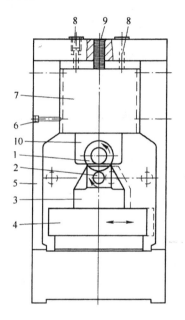

图 9-18 单轮滚轧机结构示意图
1—轧轮;2—工件;3—支座;
4—工件滑板;5—机架;
6—锁紧螺钉;7—轧轮滑板;
8—液压活塞;9—调整丝杠;
10—轧轮头

滚轧工具的齿在滚轧时要承受很大的压力、表面摩擦力、弯曲应力和热应力。工具的磨损将直接影响工件的尺寸精度,因此对工具的要求很高,应具有适当的硬度,良好的耐磨性和韧性。

表 9-5 给出了津上 T-GR8 型滚轧机的技术参数。

表 9-5　津上 T-GR8 型滚轧机的技术参数

项　　目	4 型	8 型	10 型
滚轮座直径/mm	100	200	245
上下滚轮座调节量/mm	76	76	76
滚轮转速/r·min^{-1}	800~1500	800~1200	800~1200
床身长度/mm	900 1500 4000 4850	2400 4200 4850	1980 3200 3800
往复台移动量/mm	760 1370 3000 3650	1980 3200 3800	1980 3200 3800
最大模数　碳钢	1.6	3.5	5.5
合金钢	1.25	2.5	4.5
最大滚轮直径/mm	60	138	215
最大打轮直径/mm	22	48	76
滚轧驱动电机功率/kW	5×2	7.5×2	7.5×2
油泵电机功率/kW	2.5	2.5	2.5
快速送进电机功率/kW	1	1	1
无级调速送进电机功率/kW	1	1	1
设备质量/kg	3500	9000	9500

9.4　滚轧机的其他应用

滚轧技术也可以用于机械零件的其他加工工艺,主要有:

(1) 滚花。滚花是用轧辊进行冷滚轧,使工件的外表面形成不同的花纹。轧辊有两辊和单辊两种形式,一般在车床上进行横向进给滚轧。

(2) 槽的滚轧。利用滚轧工艺加工轴类零件上的油槽、滚珠丝杠的滚珠滚道等沟槽是十分方便的,尤其是对于表面硬度高、沟槽形状复杂的工件。滚轧的沟槽表面光洁,尺寸准确,表面硬度高,加工效率高。槽的滚轧一般在车床上进行。

（3）滚印。滚印是滚轧工艺的另一种应用。在钢坯和钢材的表面做标记,采用滚印的方法最有效。其他方法得到的印记在加工和运输过程中是很容易消失的。图 9-19 所示的是滚印机的机构简图。左主轴为主传动,带动滚印轮转动,右主轴台安装滚印轮,并作径向进给。滚印轮上刻上字迹或安装活字头,滚印轮转动将字迹印在钢坯上。滚印轮也可以是扇形件,工作中往复摆动。

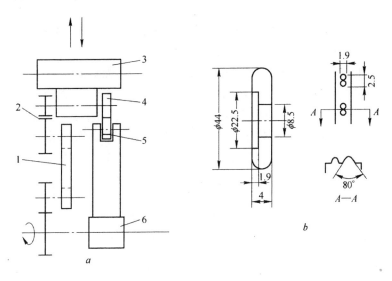

图 9-19　滚印机机构简图

a—加工主要部分的构造;*b*—制件简图

1—皮带轮;2—离合器;3—右主轴台;4—打印模;5—坯料;6—左主轴台

（4）矫直、定径。滚轧工艺还可以用于工件的整形,主要是杆形件和筒形件的矫直与定径。对于细长的杆件,采用辊式矫直和压力矫直难以达到较高的矫直精度,对于短轴、阶梯形轴采用上述方法更是无法矫直。采用滚轧矫直,使滚轧头做高精度的横向进给,可以使工件的直线度显著提高。例如,外径 26 mm、长300 mm 的轴(硬度 HB200),采用滚轧法矫直,滚轧头横向进给,矫正力120~200 kN,矫正时间 15 s,弯曲度由原来的 5~6 mm/300 mm

矫正到 0.2~0.3 mm/300 mm。

滚轧定径可以使管件或筒形件的不圆度指标提高。管件或筒形件在加工过程中，两端附近的不圆度公差远大于中间部分，要消除这种现象可以采用内径滚轧的方法。例如，内径 100 mm、壁厚 6 mm、长 1000 mm 的挤压管形件，两端 100 mm 左右的内径不圆度为 0.5 mm，利用多柱式滚轧头对内壁进行滚轧后，内径不圆度公差为 0.01 mm。

(5) 滚光。利用滚轧技术对机械零件滚光压平是机加工过程中常用的工艺，零件经过滚轧后表面粗糙度降低且硬度提高。例如，前端球径 14 mm，全长 38 mm 的零件，在轧辊式滚轧机上，采用横向进给方式滚光，工件用特殊导板支撑以抵抗滚轧力，滚轧力为 150 kN，滚轧时间为 2 s。滚轧前工件的表面粗糙度 $R_a=$ 1 μm，滚光后 $R_a=0.4$ μm。对于套筒类零件，可以采用多辊式滚轧头，用轴向进给法在车床或深孔镗床上进行滚轧。这种工艺在液压缸缸体的加工中是必需的。

(6) 压力复合。压力复合是指利用滚轧工艺将两个金属管件压合在一起，使之成为一个双金属管件。横向进给的滚轧压力复合类似于旋压，两根管件组装在一起后，装卡在普通车床或专用滚轧机上，用滚轧头逐渐地将外管压合在内管上。轴向进给的滚轧压力复合采用多辊式滚轧头从轴向接近工件，可以是外滚轧也可以是内滚轧，将两根管件压合在一起。

参 考 文 献

1　日本塑性加工学会.压力加工手册.江国屏等译.北京:机械工业出版社,1984

2　王廷溥.轧钢工艺学.北京:冶金工业出版社,1980

3　张庆.冷滚轧机床同步机构的误差分析.中国机械工程,2002,(12)

4　机械工业部机械研究院.国外压力加工概况及其发展趋势,1973(内部发行)

5　机械工业部机械研究院.金属压力加工,1973(内部发行)

6　李培武.塑性成形设备.北京:机械工业出版社,1995

7　中国机械工程学会锻压学会.锻压手册.北京:机械工业出版社,1993

8　顾锡琦.丝锥的制造工艺.北京:中国工业出版社,1963

9　孙成富.行星滚丝工艺研究.金属成形工艺,1995,(2)

10　《锻工手册》编写组.锻工手册(第七分册).北京:机械工业出版社,1975

11　《机械工程手册 电机工程手册》编辑委员会.机械工程手册(第七分册).北京:机械工业出版社,1982

12　胡亚民.回转塑性成形技术的应用.锻压机械,1996,(6)

13　程通模.滚压和挤压光整加工.北京:机械工业出版社,1989

14　金良.小模数渐开线花键滚轧轮的设计制造.金属成形工艺,2002,(2)

10 摆辗设备

10.1 概述

摆辗即摆动辗压,是塑性加工技术的一种,摆辗成形技术的最早应用是美国 Midvale 钢铁公司于 1906 年研制的一台摆头倾角为 10.7°的轴向轧机。20 世纪 70 年代以来,摆辗成形技术发展很快。经过几十年的发展,该项技术已经成为轴对称零件的一种重要的少切削或无切削、高效、经济的金属材料加工手段。

世界上主要生产摆辗机的国家有德国、日本、波兰和瑞士等。德国瓦格纳公司生产的热摆辗机轧制力为 12500 kN,轧制工件直径达 1600 mm。日本森铁工株式会社已具备生产 10000 kN 冷摆辗机的能力。而具有 4 种摆头运动轨迹的摆辗机是由波兰首先开发的,后来日本和瑞士也相继生产。目前,世界上最大的冷摆辗机的轧制力为 6500 kN,摆辗工件直径最大为 190 mm。

我国从 1973 年开始研制摆辗机,现已经能够系列生产不同规格、

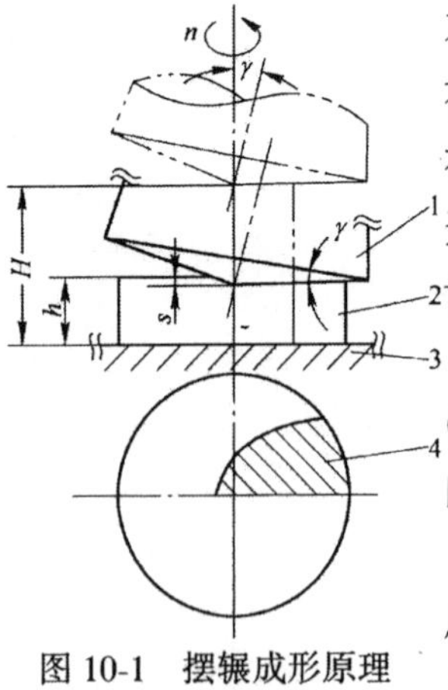

图 10-1 摆辗成形原理
1—摆头(上模);2—工件;
3—下模;4—工件俯视图

不同用途的摆辗机。徐州压力机械股份有限公司、兵器工业第五九研究所等单位在摆动辗压技术领域进行了广泛的研究,开发了自动化程度较高的系列摆动辗压设备,基本上能够满足国内的需要。

目前,我国大约拥有 80 多台摆辗机(包括摆铆机),国产摆辗机也向大吨位方向发展,现有最大吨位是 12500 kN 摆辗机。

摆辗技术的成形原理是:在施加轴向压力的同时,一个锥体模作上下运动、绕自轴旋转运动或者作复杂轨迹的运动,从而对工件进行压力加工,如图 10-1 所示。

在加工过程中,工件被装卡在一个工作台上,工作台可以作轴向平移、自轴旋转或者是两者的组合。

10.1.1　摆辗技术的优点

与普通锻造技术相比,摆辗技术主要有以下一些优点:

(1) 省力。由于摆辗过程是连续的局部变形,接触面积比常规锻造过程小得多,从而降低了单位压力,轧制力仅为普通锻造力的 $1/5 \sim 1/20$。由于轧制力小,所以设备的质量小,能耗低。

(2) 轧件精度高。由于轧制力小,平均单位压力低,因此可以用于冷状态加工,从而提高了轧件的精度。轧件的几何尺寸和表面精度均相当于冷轧加工的产品。

(3) 可生产薄轧件。由于接触面积小,平均单位压力低,产生的弹性变形小,因此可以辗轧薄的和超薄的轧件。还适用于生产变壁厚的轧件。

(4) 工具寿命长。基于上述道理,由于接触面积小,平均单位压力低,所以工具的磨损量小,寿命长。

(5) 劳动环境好,易于实现机械化和自动化生产。由于摆辗与轧制过程类似,属于静压力加工,因此加工过程中冲击振动小,噪声低。

10.1.2　摆辗工艺过程的分类

摆动辗压主要用于生产盘类、环类的轴对称零件,如薄盘、法兰、套、锥齿轮等。根据加工对象的状态,摆辗工艺过程可以分为以下几种类型:

(1) 热摆辗。热摆辗主要用于大变形量的坯料加工,由于变形时间短,要求设备提供较快的变形速度,能够承受较高的温度,因此应配备冷却装置。

(2) 冷、温摆辗。冷、温摆辗主要用于少或无切削加工,由于变形抗力大,工件精度要求高,因此要求设备的强度高、刚性好,制造精度高。

(3) 摆辗铆接。摆辗铆接主要用于铆接加工,由于工具(锥体模)的运动轨迹十分益于铆接变形,所以摆辗机可以作为专用设备用于铆接加工。

10.1.3　摆辗技术的发展趋势

经过几十年的发展,摆辗技术逐渐趋于成熟,目前摆辗已经成为塑性加工的主要发展方向之一。随着计算机技术的发展和摆辗技术应用范围的不断扩大,摆辗技术的发展趋势有以下几个方面:

(1) 设备的专门化、标准化和系列化。由于摆辗加工过程中,工具和工件的运动轨迹复杂,加工的工件批量大,因此设备和工艺规程都需要专门化,从而能够提高生产效率和加工质量。随着摆辗技术应用范围的扩大,设备的需求量增加,因此摆辗机的系列化生产是十分必要的。例如,用于冷精压成形的Ⅲ型摆辗机,瑞士施密特公司的产品系列为:T200、T400、T630,加工的工件尺寸为:直径不大于 190 mm,长度不大于 115 mm;热摆辗机,德国瓦格纳公司的产品系列为: AGW63、AGW125、AGW400、AGW630、AGW800、AGW1250 等,辗轧成形的工件尺寸为:直径不大于 1250 mm,长度不大于 315 mm。

近年来,我国摆辗机的生产发展很快,其中兵器工业第五九研究所研制的 BY 系列摆辗机、徐州压力机械股份有限公司生产的 DW 系列摆辗机都已形成了系列化生产。

(2) 计算机控制技术与生产自动化。对于摆辗机,利用工控机或可编程控制器实施摆辗成形过程的计算机控制,采用人机对话界面,便于输入参数,并可以动态显示摆辗力、位移、液压阀的运行状态,可以实现设备故障诊断。

对整个生产过程采用自动化操作可以提高生产效率和产品的质量。自动化包括生产过程中的坯料加热、上料、进给和卸料等工序。此外,工艺冷却和润滑以及工具的更换也可以自动完成。

图 10-2 所示的是用于生产汽车轴的轴向模轧机的自动化生产线,该生产线将加热设备、坯料切断机、热模锻压力机、辗环机和

AGW 摆辗机组合在一起。一般零件经热模锻压力机预成形后送到摆辗机上终轧成形。对于内孔较大的零件,经过辗环机扩孔轧制后再送到摆辗机上轧制成形。

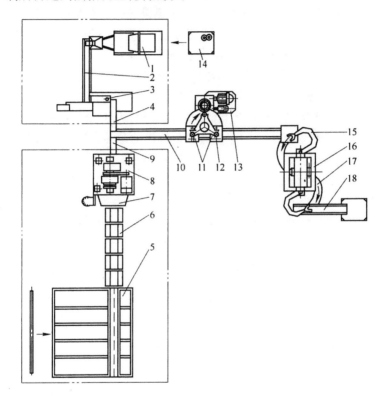

图 10-2　AGW125 轴向模轧机自动化生产线

1—卸料斗;2—定向送料装置;3、6—感应加热器;4—滑道;5—受料台架;7—热剪机;
8—热模锻压力机;9—传输系统;10、18—传送带;11—升降台;12—辗环机芯辊回转塔;
13—辗环机;14—集料箱;15—上料机械手;16—AGW125 摆辗机;
17—卸料机械手

（3）新技术的开发。摆辗技术的可应用范围是很广泛的,开发新的应用领域是摆辗技术发展的重要趋势。摆辗产品的特殊性,为摆辗设备的研制提供了广泛的发展空间,如非对称零件的辗轧、锥齿轮和圆弧齿锥齿轮的冷摆辗成形设备等。

10.2　摆辗机的主要类型

　　摆辗机的分类方法有多种,可以根据锥模的运动形式来划分,也可以根据设备的布置方式或用途分类。图 10-3 所示的是三种锥模运动形式的摆辗机,其具体情况如下:

　　(1) Ⅰ 型摆辗机。Ⅰ型摆辗机(图 10-3a)的锥体模(摆动头)倾斜自转,并作直线运动进给,工件只作旋转运动。由于锥体模只在工件的端面上滚动,所以,此类型的摆辗机又称为轴向模轧机。

　　(2) Ⅱ型摆辗机。Ⅱ型摆辗机锥体模的运动是摆动 + 自转、章动 + 自转或公转 + 自转,工件作直线运动进给(图 10-3b)。由于该类型的摆辗机摆动头的传动机构复杂,目前主要作为摆铆机使用。

　　(3) Ⅲ型摆辗机。该类型摆辗机锥体模的运动方式为摆动、章动和无自转的公转,固定工件的模具沿机床轴线方向平移,实现进给运动(图 10-3c)。这种摆辗机又称为摆动模轧机。

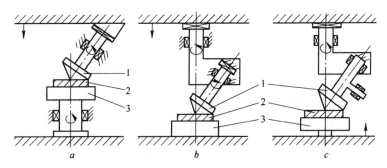

图 10-3　不同类型的摆辗机

a—Ⅰ型摆辗机(轴向模轧机);b—Ⅱ型摆辗机;c—Ⅲ型摆辗机(摆动模轧机)

1—摆头;2—工件;3—模具

　　摆动模轧机的摆头没有主动的自转,只有摆动,其运动轨迹有多种。这种摆辗机主要用于工件的冷成形。

摆辗机根据结构的不同又可以分为立式、卧式和专用摆辗机。立式摆辗机(图 10-4)主要用于辗轧盘形件或短轴类零件,卧式摆辗机可用于长轴类零件的辗轧,专用摆辗机则用于专用零件的加工。图 10-5 所示的是 1600 kN 卧式摆辗机。

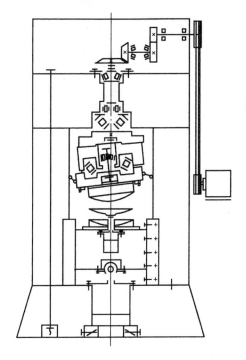

图 10-4　3500 kN立式摆辗机结构示意图

10.3　摆辗机的主要技术参数

摆辗机的主要技术参数包括公称压力、摆头倾角(摆角)、摆头转速、进给量和电机功率等,其具体计算方法如下:

(1) 摆辗机公称压力。公称压力是指摆辗机的送进油缸的最大推力,是摆辗机最重要的技术参数。公称压力是设计摆辗机和工艺设计的主要依据。

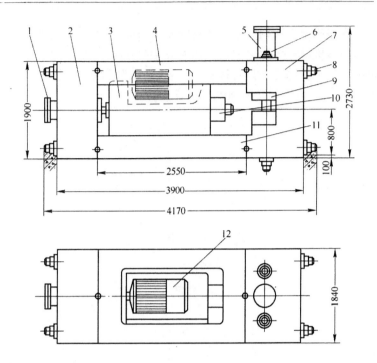

图 10-5　1600 kN 卧式摆辗机结构示意图

1—主工作油缸;2—后机架;3—水平滑块;4—上机架;5—夹紧油缸;

6—垂直拉杆;7—前机架;8—水平拉杆;9—垂直滑块;

10—摆辗头;11—下机架;12—传动电机

　　摆辗机的公称压力是由摆辗变形力所决定的,与轧制力类似,等于摆辗时接触变形区的面积与平均单位压力的乘积,即:

$$P = Ap$$

式中　　A——接触面积;

　　　　p——平均单位压力。

　　平均单位压力可以用确定轧制压力的方法计算,接触面积可以采用不同学者的计算公式或实验曲线确定。

　　(2)摆头倾角。摆头倾角是指摆头轴线与摆辗机主轴线之间的夹角 γ,如图 10-1 所示。摆角的大小对摆辗力、摆头的运动精度、设备刚度和轧件的质量有着直接的影响。通常,摆头倾角对于摆头机,为 1°~ 3°,对于摆铆机为 5°。

(3)进给量。进给量是指摆头摆动一周,轧件在轴向送进的距离 s。显然,送进量越大,参与变形的金属越多,摆辗力越大,生产效率越高。通常,s 值为 0~5 mm/r,冷辗时取小值,热辗时取大值。

(4)摆头转速。摆头转速是指摆头(上模)在 1 min 内的摆动周期数。通常摆辗机的摆头转速为 200 r/min,摆铆机的转速很高,可以达到 1000 r/min 以上,以满足铆接工艺的要求。

(5)摆头电机功率。摆头电机功率可以采用下式计算:

$$N = 1.275 \times 10^{-6} \times Pn / \eta$$

式中　P——摆辗力;

　　　n——摆头转速;

　　　η——传动部分效率。

(6)最大行程。最大行程是指液压缸活塞的最大行程,设备选择时应考虑在行程内送料和卸件的方便。

(7)工作台尺寸。工作台尺寸决定工件的尺寸和操作的方便。

表 10-1 是一些锻造厂制造的部分摆辗机的技术参数,这些设备主要为本企业所使用。

表 10-1　国产摆辗机的主要技术参数

项　　目	哈尔滨汽车齿轮厂	天津中营锻造厂	北京工具厂	天津锻造厂	武汉汽车齿轮厂	上海电机锻造厂
摆辗机公称压力/kN	4000	1600	2000	1000	1000	2000
辗压最大直径/mm	400	210	200	200	185	195
摆头转速/r·min⁻¹	96	69/92/138	240	200	200	300

续表 10-1

项　　目	哈尔滨汽车齿轮厂	天津中营锻造厂	北 京工具厂	天 津锻造厂	武汉汽车齿轮厂	上海电机锻造厂
送进量/mm·r^{-1}	1.5	0.22~8.7	6	3~6	0.5~1.5	2.0~2.4
送进方式	液压进给	液压进给	液压进给	液压进给	液压进给	液压进给
摆角/(°)	3	3	0~6	3	3	0~6
最大行程/mm	200	230	150		250	300
工作油压/MPa	21	25	25	20	20	21
顶出力/kN	300	400				20
工作台尺寸/mm×mm	1250×940	650×610	700×650			
机身结构	焊接框架	焊接框架	焊接框架	焊　接	焊接框架	焊接框架
摆头轴承形式	滚动轴承	静压轴承	滚动轴承	静压轴承		滚动轴承
电机功率/kW	130	20/25/28	37/13		40/20	115

　　表 10-2 为徐州压力机械股份有限公司生产的系列摆铆机的主要技术参数。表 10-3 是国内其他厂家生产的系列摆铆机的主要技术参数。

表 10-2　徐州压力机械股份有限公司摆铆机的主要技术参数

型　号	最大铆接力/kN	铆接铆钉最大直径/mm	铆头行程/mm	喉口深度/mm	工作台尺寸/mm×mm	铆头距工作台最大距离/mm	液压空气压力/MPa	机器外形尺寸长×宽×高/mm×mm×mm
T99-6	6	5	20~40	165	285×300	170	0.4~0.6	1000×640×1500
T99-20	20	10	5~30	220	375×358	200	0.4~0.6	480×780×1600
T99-32	32	16	5~30	270	375×460	230	0.4~0.6	570×8400×1746
T99-50	50	20	50	150	330×600	400	4~6(液压)	1450×1700×1620

型　号	最大铆接力/kN	铆接铆钉最大直径/mm	铆头行程/mm	喉口深度/mm	工作台尺寸/mm×mm	铆头距工作台最大距离/mm	液压空气压力/MPa	机器外形尺寸长×宽×高/mm×mm×mm
T99-20B	20	10	5～40	500	80×70	200	2.5（液压）	830×500×1600
T99-20D	20	10	5～40	140	可按需求设计	0～420	2.5（液压）	1300×450×1400
T99-32C	32	16	5～40	204	300×300	340	2.5（液压）	1000×500×1500
T99-32B	32	16	5～40	200	380×440	170	2.5（液压）	900×440×1600

表 10-3　国内其他厂家生产的系列摆铆机的主要技术参数

项　目	昆仑机械厂	三门峡仪表机床厂	长空机械厂	上海动力机械厂	湖南工具厂	南京大桥厂
型　号	FM-2	JM-6	T92Q-3	YM-2T		BM300-5A	MZXM-30
最大压力/kN	20	20	4	20	14	3	1.8
铆钉直径/mm	15	6	3	14	10	5	3
铆头行程/mm	30	30	30	27	30	30	40
封闭高度调节量/mm	87	170	200	200		200	200
喉口深度/mm	140		174	185			
铆杆端面至工作台距离/mm	128		207		200	250	
摆头电机功率/kW	1.1	0.75	0.37	0.8	0.55	0.12	0.09
油泵电机功率/kW	0.8	0.75		0.8			

续表 10-3

项　目	昆仑机械厂	三门峡仪表机床厂	长空机械厂	上海动力机械厂	湖南工具厂	南京大桥厂
电机主轴转速/r·min⁻¹	1410	1440	1400	1070	1400	
液压系统工作压力/MPa	3	1.2	0.5	4.6	0.6	0.6
铆接时间调节范围/s	0.4~6		1.2~13		0~10	10
摆角/(°)	6				5	
铆杆轨迹	11叶玫瑰线	11叶玫瑰线	11叶玫瑰线		11叶玫瑰线	圆	圆
设备质量/kg	250(不包括油箱)	450	85	1200	160(单机)	60	54
外形尺寸/mm×mm×mm	760×540×800	660×820×1640	385×260×860	600×800×1750	627×320×760	250×340×600	

表 10-4 为徐州压力机械股份有限公司制造的可以冷、热摆辗加工的摆辗机主要技术参数。该系列摆辗机分立式和卧式两种结构,采用液压、电气控制,能实现调整、半自动操作方式;摆头具有可靠的水、油密封,寿命长;工作时机器无冲击力,无噪声;锻件尺寸精确,模具寿命长;辗压力仅为常规锻造力的 1/15~1/10。该系列摆辗机适用于汽车半轴和其他饼盘类零件的冷、热辗压成形工艺。

表 10-4　徐州压力机械股份有限公司摆辗机的主要技术参数

项　目	型号规格 Models and Specifications					
	T19-25	DW99-100	DW99-160	DW99-200	DL99-160	DL99-400
公称摆辗力/kN	250	1000	1600	2000	1600	4000
摆辗工作最大直径/mm	冷 30	热 200	热 200	热 200	冷 80 / 温 100	热 400

项 目		型号规格 Models and Specifications					
		T19-25	DW99-100	DW99-160	DW99-200	DL99-160	DL99-400
液体工作压力/MPa		17	20	20	25	25~31.5	25
最大工作行程/mm		100	300	400	300	140	400
工作台至地面高度/mm		750	800	800	825	1100	370
最大装模高度/mm		370				220	800
工作台尺寸/mm	左右	400				ϕ230	900
	前后	400					1000
摆头轨迹		圆	圆	圆	圆	圆 / 直线 正交螺旋 / 玫瑰	圆
摆角/(°)		3	3	3	3	0~2	3
摆头电机功率/kW		66.5/9.4/ 11.4/13.4	37	45	44	18.5	110
油泵电机功率/kW		7.5	30	30	30	11	30
机器外形尺寸/mm	左右	2060	4395	4250	4680	1700	4500
	前后	1680	1100	3400	1150	2750	1550
	地面以上高度	1930	1650	2000	1700	2800	3600

兵器工业第五九研究所的摆辗机、德国瓦格纳摆辗机和日本 MCOF 型摆辗机的技术参数见表 10-5、表 10-6 和表 10-7。

表 10-5 兵器工业第五九研究所摆辗机的技术参数

规 格	BY160	BY200	BY400	BY630A	BY630B
滑块最大作用力/kN	1600	2000	4000	6300	6300
滑块最大工作行程/mm	140	195	275	295	245
调节行程/mm	45	75	75	100	80

续表 10-5

规　　格		BY160	BY200	BY400	BY630A	BY630B
总行程/mm		145	200	280	300	250
滑块进给速度/mm·s⁻¹		210	120	170	150	150
回程速度/mm·s⁻¹		220	150	200	200	200
工作速度/mm·s⁻¹		13	24	22	20	13
摆动频率/mm·s⁻¹		200	320	280	260	250
摆角/(°)		2	2	2	2	2
摆动运动轨迹		4种	4种	4种	4种	4种
锻件最大直径/mm	冷辗	100	120	130	190	200
	温辗	120	150	170	250	250
锻件最大高度/mm		90	100	130	150	1000
生产率/件·min⁻¹		4~15	4~15	4~12	4~12	4~10
总功率/kW		39	64	165	273	195

表 10-6　德国瓦格纳摆辗机的技术参数

设备型号	63~200	125~280	160~355	250~450	400~560	630~710	1000~1250
辗压件最大外径/mm	200	280	355	450	560	710	1250
辗压件最大宽度/mm	60	80	125	160	200	250	315
辗压件最大高度/mm	63	68		90	200	400	800
公称摆辗力/kN	630	1250	1600	2500	4000	6300	10000
主电机功率/kW	75	150		330	500	750	150
主液压系统功率/kW	75	150		315	400	400	100

表 10-7　日本 MCOF 型摆辗机的主要技术参数

项　　目	MCOF-250	MCOF-400	MCOF-650
摆辗压力/kN	2500	4300	6500
辗压最大直径/mm	160	210	240

续表 10-7

项 目	MCOF-250	MCOF-400	MCOF-650
最大摆动次数/次·min^{-1}	320	500	300
顶料力/kN	800	1300	1300
顶杆行程/mm	60	120	100
生产率/件·min^{-1}	4～15	3～12	3～12
摆动角度/(°)	2	2	2
滑块行程/mm	200	420	550
滑块行程调节量/mm	75	40	100
电机总功率/kW	85	220	265
加载速度/mm·s^{-1}	0.5～30	0.5～50	0.5～25
冷却油箱体积/L	700	1100	1500
轨迹形式	圆、玫瑰线、直线	圆、玫瑰线、直线、螺旋线	圆、玫瑰线、直线、螺旋线

10.4 摆辗机的结构

如图 10-6 所示,摆辗机主体结构由机架、摆头、滑块、送进液压缸和机械传动系统等几部分组成。摆辗机的结构类似于一台油压机,只是比油压机多了一个摆头机构和相应的传动系统。

10.4.1 机架

机架是摆辗机的主要部件,当摆辗机工作时,机架承受全部的轧制力。机架的结构多采用开式或闭式的框架结构。

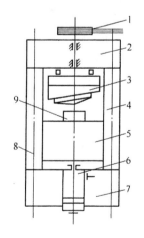

图 10-6 摆辗机结构示意图

1—机械传动系统;2—上横梁;3—摆头;
4—立柱;5—滑块;6—送进油缸;
7—下横梁;8—拉杆;9—坯料

闭式机架的刚度好,强度高,但是加工较为困难,开式机架易于加工和运输,在保证加工和装配精度的前提下,有较好的使用效果,是摆辗机机架的主要结构形式。图 10-7 是组合式机架的结构形式,机架由上下横梁、4 个立柱和导轨组成,用 4 根螺杆将横梁与立柱组装在一起。

机架的结构有铸造和焊接两种形式,铸造结构的材料通常为 HT200 铸铁、QT420 球铁和 ZG35 等。铸造机架的减震性好,适于批量生产。焊接机架的质量轻,加工灵活方便,适合单件小批量生产。摆辗机机架的强度计算与轧钢机机架的类似。

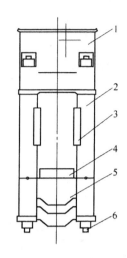

图 10-7　组合式摆辗机
机架结构示意图
1—横梁;2—立柱;3—导轨;
4—下模垫板;5—下横梁;
6—拉紧螺栓

10.4.2　摆头

摆头是实现摆动辗压过程的关键部件,它决定摆辗机的使用性能和整机的结构形式。

10.4.2.1　摆头结构

根据摆头主轴轴承的形式,摆头可以分为滚动轴承式摆头、滑动轴承式摆头和液体轴承式摆头等三种类型,如图 10-8 所示。

滚动轴承式摆头的结构如图 10-8a 所示,在传动主轴上安装一个单面倾斜的回转盘,安装在盘上的锥形模与主轴倾斜一个角度 γ,当空转时,主轴带动锥形模旋转而不摆动,当锥形模与工件接触时,由于变形接触摩擦力大于轴承中的摩擦力,因此锥形模只摆动而不旋转。

滚动轴承式摆头的结构简单,使用维修方便,功率消耗小,适用于 2000 kN 以上的大型热摆辗机。

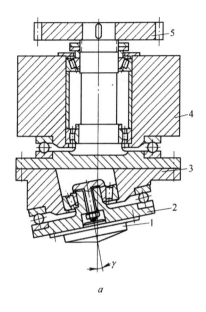

a

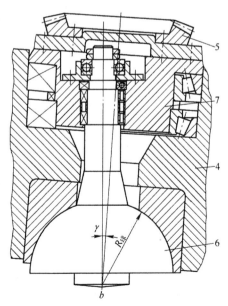

b

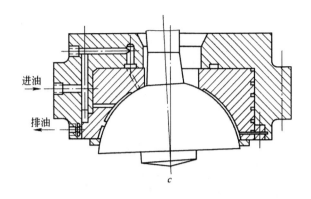

图 10-8　摆头的三种结构形式

a—滚动轴承式摆头；b—滑动轴承式摆头；c—液体轴承式摆头

1—摆头；2—摆座；3—楔形偏心盘；4—机架；5—传动齿轮；6—球头；7—偏心套

滑动轴承式摆头(图 10-8b)的结构特点是利用偏心套实现摆动,锥形模安装在一个球铰座上,以此来承受摆辗负荷。当电机转动时,带动偏心套转动,从而带动锥形模作摆动运动。

该结构的摆头承载能力大,结构简单,传动平稳,结构紧凑,工作寿命长。

液体轴承式摆头(图 10-8c)的结构特点是在滑动球头和球面之间建立一层静压油膜,用以承受全部的摆辗力,从而使两者之间处于液体摩擦的润滑状态。该结构的特点是承载力大,轴承摩擦系数低,功率消耗小。由于球铰支座是开式的,为了减少液压油的消耗,可以采用动静压形式的轴承。液体轴承的静压原理如图10-9 所示。

10.4.2.2　摆头的轨迹

摆头的轨迹有 4 种；圆轨迹、玫瑰线轨迹、螺旋线轨迹和直线往复运动轨迹,见图 10-10。摆头的运动轨迹不仅对金属流动和填充影响很大,而且对电动机功率及设备刚度等均有影响,特别是对于形状不同的锻件成形影响更大。

摆辗机可以有一种轨迹,也可以同时有 4 种轨迹。单一轨迹的摆辗机结构简单,使用方便,适于大批量生产品种单一的工件。

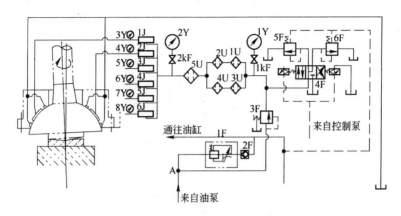

图 10-9　液体轴承的静压原理

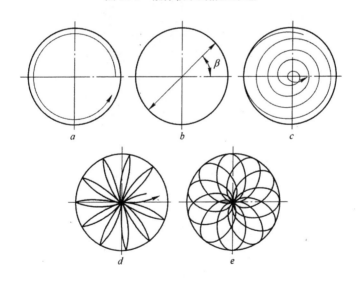

图 10-10　摆头的运动轨迹

a—圆;b—直线;c—螺旋线;d、e—多叶玫瑰线

多轨迹的摆辗机使用范围更广,但是结构复杂,我国已经能够制造具有 4 种轨迹的摆辗机。图 10-11 是波兰 PXW100Aab 型摆辗机,通过一套变速装置实现摆头的 4 种轨迹运动。

当内偏心套与外偏心套同向同速旋转时,摆头运动轨迹为圆

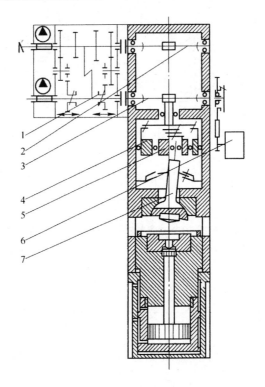

图 10-11　波兰 PXW100Aab 型摆辗机

1—变速箱;2—蜗轮副(2);3—蜗轮副(1);4—外偏心套;

5—内偏心套;6—电机;7—摆头

轨迹,适合辗压各种圆形工件。

当内偏心套与外偏心套反向旋转,且内偏心套角速度等于外偏心套角速度的两倍时,摆头运动轨迹为直线轨迹,适合辗压各种椭圆或长轴类工件。

当内、外偏心套反向旋转,而内偏心套角速度比外偏心套角速度大 n 倍时(1.2 倍例外),摆头运动轨迹为玫瑰线轨迹,适合加工齿形工件。

当内、外偏心套同向旋转,且外偏心套角速度比内偏心套角速度大时,摆头运动轨迹为螺旋线轨迹,适合辗压各种阶梯形工件。

10.4.2.3 摆头防转装置

摆辗时,为了使上模保持良好的冷却和润滑,保证工件的质量,上模(摆头)应只作线滚动,而不允许有自转。但是,由于轴承中存在摩擦力,在空转时上模可能随摆轴一起转动。这样,在开始辗压时会使工件偏离中心位置,工件的形状得不到保证,水冷难以实现。同时,上模的转动滞后于工件,使摆辗成形不均匀。因此,设置摆头防转装置,使其在开始工作时保持静止不转是十分必要的。

防转装置有两种类型。一种是大齿圈防转装置,筒形的上齿圈固定在斜盘上,下齿圈固定在立柱上。下齿圈设计成横断面为齿条形的平面伞齿,而上齿圈下端为另一伞齿轮,其分度圆锥角的余角等于摆角,其节锥线应与锥形上模的母线在同一平面内。

另一种防转装置是采用拨杆机构。这种结构的防转杆安装在球头或摆头的模座上,挡板固定在机架上,防转滚轮在挡板之间滚动。该结构和大齿圈相同,既可以在空转时防止摆头自转,也可以在辗压时防止上模滞后,保证上下模在任何情况下均不产生相对错动。摆头的驱动多采用两级传动方式,由电动机经皮带轮、伞齿轮或蜗轮蜗杆转变传动方向,将水平转动变换为垂直转动。也可以采用垂直传动,将电动机直接与主传动轴连接,这种传动方式适用于小型的摆铆机。

10.4.3 滑块

滑块是承受摆辗力的主要部件,通常采用液压传动系统实现往复运动。它将油缸的推力传递给工件,并通过轴向进给使其产生塑性变形。滑块上表面即为工作台面,下模安装在上面,下端与油缸的活塞杆连接。在油缸的推动下,滑块在机架四周的导轨之间上下滑动。

滑块一般采用铸造结构,其形状有箱形的,也有圆柱形的,并设置有顶出料机构,如图10-12所示。为了保证导向精度,滑块的导向面要有足够的长度,一般滑块的高宽比要大于1。

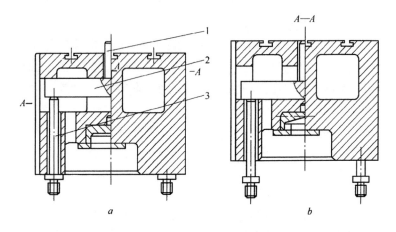

图 10-12　箱形滑块及顶料机构结构
1—顶料杆;2—顶料板;3—固定杆

　　滑块的进给可以采用活塞缸或柱塞缸,使用柱塞缸需要设置回程缸,以便使滑块顺利返回。液压传动的方式有液压泵直接传动和泵—蓄能器传动两种类型。液压泵可以采用定量泵或分级变量泵。采用定量泵摆辗速度不变,而压力补偿变量泵的摆辗速度可以随着变形力的增加而减小,适合摆辗的工艺特点。分级变量泵可以加快回程速度,提高生产率,适用于大中型热摆辗机。

10.4.4　传动系统

　　传动系统用于实现摆头的螺旋运动,这种螺旋运动是由旋转运动与直线运动合成得到的。而传动系统可以有一套,也可以有两套。

　　采用液压传动来实现进给和旋转运动,机构简单,速度可以连续调节,而采用机械传动则结构较为复杂。目前,大部分摆辗机还是采用分别传动的方式,即进给采用液压或气动,而摆动由机械传动来实现。运动的合成方式有以下几种:

　　(1)摆头和下模分别单独传动。摆头作匀速旋转,使上模作均匀摆动,坯料作等速或变速直线送进运动。这种传动形式结构简单,维修方便,大多数摆辗机采用该传动形式。

(2) 上模作均匀摆动的同时还作上下往复送进运动,而下模固定不动。

这种传动方式结构紧凑,适合于小型摆辗机采用。

(3) 下模作旋转运动,上模与工件的对称轴倾斜一个角度,同时绕轴自转,并作上下往复运动。

(4) 上模的轴线固定不动只作自转,下模作螺旋运动。这种形式的传动可以消除由于摆动而产生的交变偏心载荷,机身受力均匀稳定,辗轧精度高,而且不需要防转装置,可以辗轧非对称工件。

图 10-13 是瑞士 Schmid 公司的 T 系列摆辗机的结构简图。该摆辗机采用双筒形焊接结构机架,经过时效处理后,刚性好,变形小而均匀。

滑块系统位于机座下部,由球墨铸铁制成的主油缸 9 安装在机身 2 的环形支撑面上,青铜导向套与导向柱 6 相配合,以保证摆头在不同位置上的摆辗精度。主油缸外的主滑块由整体锻件退火后加工制成。

在主滑块的中心有一个小液压缸,用来完成顶料和内成形工序。顶出高度的范围是 ±2.5 mm,可以根据需要进行手动或电动调节。上顶料杆由上顶料活塞 3 驱动。滑块的上死点位置由蜗轮蜗杆调节,调节好后,用机械定位,其精度为 0.10 mm。滑块的上死点位置决定了模具的闭合高度。

送料采用机械手将坯料放入料斗,经分离器传送至供料装置。可传送坯料的最大质量为 2~5 kg,最大直径为 90~250 mm,最小高度为 5~6 mm,最大高度为 100~220 mm。

摆头 4 由直流电机驱动,其运动轨迹可以通过手动杠杆操纵选择。摆头作圆形运动时摆角可以事先调定,调节范围是 0°~2°;摆头作直线运动时,直线的方位可在 0°~180°范围内调节。

摆头作直线、玫瑰线和螺旋线轨迹运动时,摆角是变化的,作圆形轨迹运动时则摆角不变。

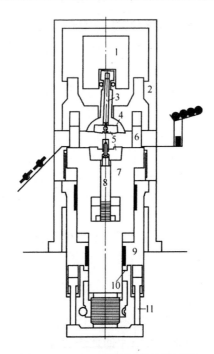

图 10-13　T-600 摆辗机的结构简图

1—摆动传动系统；2—机身；3—上顶料活塞；4—摆头；5—摆动模和
下模；6—导向柱；7—主滑块；8—下顶料活塞；9—主油缸；
10—上死点限位块；11—快进活塞

　　设备摆辗力的控制由调压式变量轴向柱塞泵提供。采用独立的高压润滑系统来保证摆头系统的润滑冷却。由于润滑状态良好，且青铜球面运动副的减摩性好，所以能够保持长期良好运行。

　　设备的控制系统采用可编程控制器实现，控制系统的电源电压和频率可以根据用户要求调整。控制系统设置自诊断系统，可以显示事故信息和代码，便于查找和排除故障，并可以自动采取安全保护措施。

10.5　专用摆辗机

　　通用的摆辗机主要是立式结构，此外还有一些专用摆辗机，如专门用于生产汽车半轴等长轴类零件的卧式摆辗机、与其他工艺手段相接合的组合式摆辗机等。

10.5.1 卧式摆辗机

卧式摆辗机主要用于加工长轴类工件,它与立式摆辗机的区别在于其凹模是由上下两个半模组合而成的。在工作时上半模需要作上下往复运动。在我国,汽车半轴的生产多是采用卧式摆辗机,该工艺具有产品精度高、设备投资少、劳动环境好等优点,因而成为汽车半轴类零件的首选生产方式。

国产卧式摆辗机的主要技术参数如表 10-8 所示。

表 10-8　国产卧式摆辗机的主要技术参数

型　　号	100	160	200
摆辗力 /kN	1000	1600	2000
夹紧力 /kN	1000	1600	2000
工作缸行程 /mm	250	300	300
夹紧缸行程 /mm	200	250	300
摆头转速 /r·min^{-1}	200	200	240
摆动角度 /(°)	3	3	3
进给量 /mm·r^{-1}	0.5~1.5	1.8~6	0~6
摆头电机功率 /kW	40	55	80
油泵电机功率 /kW	20	22	55
生产厂家	武汉汽车齿轮厂	徐州锻压设备厂	第一重机厂

10.5.2 多用摆辗机

多用摆辗机是指一种可以水平装出料、立式摆辗加工的摆辗设备。由于水平装出料可以将较长的轴类工件装入模具,所以多用摆辗机可以部分代替卧式摆辗机的工作。实现水平装出料的方法是,在摆辗机的滑块上增加一个旋转机构,将滑块转动 90°,则可以进行水平装料,复位摆辗加工后再转动 90°出料,完成一个加工周期。摆辗机的滑块旋转机构如图 10-14 所示。

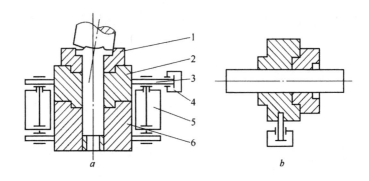

图 10-14　摆辗机的滑块旋转机构

a—摆辗状态；*b*—装出料状态

1—下模；2—下模座；3—耳座；4—回转缸；5—抬模缸；6—滑块

10.5.3　双轮摆辗机

双轮摆辗机采用两个摆头进行摆辗加工(图 10-15)。由于两个摆头在一个平面内，其转速、摆角等工艺参数相同，所以在工作中摆头的受力均匀，可以消除机架和传动系统受摆头的偏摆力，设备运行平稳。同时由于是两个摆头，所以工件变形均匀，适于环形薄件的摆辗加工。

10.5.4　摆铆机

将摆辗机用于铆接有许多优点，由于静力铆接，所以在工作中没有冲击振动和噪声，从而极大地改善了工作条件。此外，由于铆接力小，可以铆接脆性材料和厚度较小的薄零件，并可以控制铆紧力和铆接尺寸的精度。由于摆铆机的突出特点，因而成为主

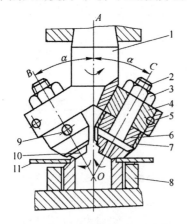

图 10-15　双轮摆辗机的摆头结构

1—摆头体；2—轴；3—螺母；4—套；
5—圆锥销；6—垫套；7—锥形套；
8—下模；9—螺钉；10—上模；
11—工件

要的铆接工具。

摆铆机的基本结构如图 10-16 所示,主要由机座、升降机构和动力头组成。摆铆机可以根据铆头不同的运动轨迹分为圆轨迹摆铆机和玫瑰线轨迹摆铆机。

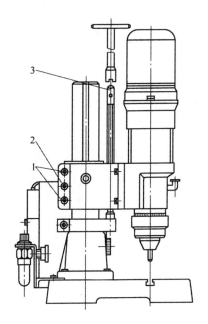

图 10-16　摆铆机的基本结构
1—机座;2—升降机构;3—摆铆动力头

圆轨迹摆铆机的动力头结构如图 10-17 所示。动力头由电机、花键套、花键摆轴、铆头、空心活塞杆、油缸、限位螺母和轴承等组成。花键摆轴装在空心活塞杆内,通过花键套与电机轴连在一起,下端与铆头连在一起,实现铆头的圆轨迹摆动。而活塞杆在液体或气体的推动下使铆头实现上下运动。

玫瑰线轨迹摆铆机的动力头结构如图 10-18 所示。当电机转动时,与花键轴固定在一起的偏心套同时旋转,使齿轮轴绕 O 公转。由于外齿轮同内齿轮啮合,所以外齿轮还产生自转。这样,圆

柱中心便形成玫瑰线轨迹。活塞和活塞杆在液压或气动的作用下
向下运动,实现铆接。摆铆机的主要技术参数见表 10-2。

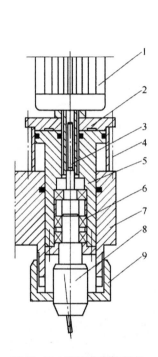

图 10-17　圆轨迹摆铆机的
动力头结构

1—电机;2—花键套;3—花键;
4—油缸;5—空心活塞;6—轴承;
7—机身;8—铆头;9—限位螺母

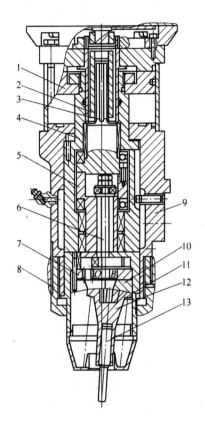

图 10-18　玫瑰线轨迹摆铆机的
动力头结构

1—活塞;2—花键套;3—花键轴;4—活塞杆;
5—偏心套;6—齿轮轴;7—内齿轮;8—螺母;
9—机体;10—球座;11—关节轴承;
12—球形摆杆;13—铆模

参 考 文 献

1　日本塑性加工学会.压力加工手册.江国屏等译.北京:机械工业出版社,1984

2　张猛.摆辗技术.北京:机械工业出版社,1998

3　裴新华.摆动辗压.北京:机械工业出版社,1991

4　叶宏.摆动辗压模具的材料选择.金属成形工艺,2001,19(6)

5　金晓春.铁路车辆销类件摆辗精密成形及新型摆辗机研制.材料科学与工艺,2000,
　　8(4)

6　刘白雁.镦锻、摆辗机液压系统分析与改造.锻压机械,2000,(5)

7　李金生.联邦德国的AGW摆动辗压机.金属成形工艺,1993,(4)

8　胡亚民.我国摆动辗压技术的发展概况.锻压技术,1996,(6)

9　侯华兴.摆辗机成形工件最佳半径的理论分析.鞍钢技术,1998,(10)

10　温正忠.PXW型摆辗机摆动机构运动学问题初探.金属成形工艺,1999,(3)

11　秀子.国外摆辗技术考察报告.锻压机械,1997,(6)

12　中国机械工程学会锻压学会.锻压手册.北京:机械工业出版社,1993

13　Standring P M.世界塑性加工最新技术(摆动辗轧——一种新方法).北京:机械工业出版社,1987

14　程乗恒.世界塑性加工最新技术(中国的锻压).北京:机械工业出版社,1987

15　王广春.摆辗机摆头运动学分析和运动轨迹的数值模拟.锻压机械,2001,(3)

16　张高萍.摆辗技术在火车轮制造中的应用.锻压机械,2000,(1)

17　王克国.摆动辗压成形工艺过程控制.金属成形工艺,2002,(2)

18　《锻压技术手册》编委会.锻压技术手册.北京:国防工业出版社,1989

19　胡亚民.发展我国摆辗技术必须促进摆辗机国产化.金属成形工艺,1999,(4)

20　黄少东.计算机控制四轨迹系列摆辗机研制.金属成形工艺,1999,(4)

21　张猛.摆辗力矩计算理论.金属成形工艺,1999,(4)

22　黄少东.BY630摆辗机摆头的有限元分析.金属成形工艺,1999,(4)

23　李占力.DL99-400型摆辗机存在的问题及改进构想.金属成形工艺,1999,(4)

24　罗兰.BY630型摆动辗压机的PLC控制技术及其程序特点.金属成形工艺,1999,(4)

25　侍慕超.90年代初国内外锻压机械的发展概况.锻压机械,1996,(2)

26　胡亚民.回转塑性成形技术的应用.锻压机械.1996,(6)

27　《锻工手册》编写组.锻工手册(第七分册).北京:机械工业出版社,1975

28　《机械工程手册 电机工程手册》编辑委员会.机械工程手册(第七分册).北京:机械工业出版社,1982

29　黄虹.摆动辗压成形件高度尺寸精度分析.锻压技术,2002,(2)

冶金工业出版社部分图书推荐